Johann Berger
Paradoxien

Johann Berger

Paradoxien

aus Naturwissenschaft,
Geschichte
und Philosophie

ANACONDA

Die Deutsche Nationalbibliothek verzeichnet diese Publikation in der
Deutschen Nationalbibliografie; detaillierte bibliografische Daten sind im
Internet unter http://dnb.d-nb.de abrufbar.

Genehmigte Sonderausgabe für die Anaconda Verlag GmbH, Köln
© I. P. Verlag in der Nebel Verlag GmbH, Utting
© dieser Ausgabe 2010 Anaconda Verlag GmbH, Köln
Alle Rechte vorbehalten.
Umschlagmotiv: Der Kaiserthron in Aachen,
Foto: © Adam Woolfitt / CORBIS
Umschlaggestaltung: pecher und soiron, Köln
Printed in Czech Republic 2010
ISBN 978-3-86647-509-0
www.anacondaverlag.de
info@anaconda-verlag.de

Inhalt

Einleitung

Paradoxien haben immer schon sowohl fasziniert als auch verwundert. Sie regen einerseits die Phantasie und Knobellust an, andererseits wird der Widerspruchsgeist gegen ein solches „Stoppschild" im Denken geweckt. Das vorliegende Buch richtet sich vor allem an Liebhaber von Denkspielen und Knobelaufgaben; nur am Rande an wissenschaftlich Interessierte. Die Paradoxien und Denksportaufgaben werden kurz präsentiert und illustriert, worauf eine oder mehrere Lösungen beschrieben werden. Wenn es keine Konsenslösung gibt, wird der mögliche Grund erläutert.

Einige der beschriebenen Paradoxien eröffnen sich erst nach einer gewissen Weile; vor allem die logischen und mathematischen verlangen ein längeres Eindenken in die Materie. Oft hilft die Lösung eines Paradoxes dabei, andere, ähnliche Denksportaufgaben zu lösen. Andere Paradoxien sind wie ein guter Witz, kurz in der Beschreibung wie in der Pointe, und wie beim Witz ist das Thema dann abgehandelt.

Das Wort Paradox oder Paradoxon kommt aus dem Altgriechischen und besteht aus Para- (neben, gegen) und doxa (Meinung; eigentlich: Ruf): Eine sich selbst entgegen gesetzte Meinung. Seit der Antike wird es verwendet für selbstwidersprüchliche und unvereinbare Gedanken oder Tatsachen, die aber dennoch sinnvoll sind. Behauptet man etwas, das sich selbst widerspricht, so erhält man ein Paradoxon. Eine andere

Bezeichnung für ein Paradox ist „Antinomie", was im Lateinischen so viel wie Gegenaussage bedeutet.

Man könnte das Paradox mit einem Teig vergleichen: So, wie ein italienischer Pizzabäcker aus einem nur Ei-großen Teigklumpen einen Pizzaboden von ungefähr 50 cm Durchmesser „dreht" (der wahre Könner verwendet natürlich kein Nudelholz), wird eine Diskussion über ein Paradox immer umfangreicher – viele werden ja heute noch aktiv diskutiert –, bis man im ewigen Schnee hochakademischer Abhandlungen angekommen ist. Bis dahin kann man jedoch selbst vergnüglich ein wenig kneten.

Es gibt nun verschiedene Arten oder Familien von Paradoxien: sprachliche, inhaltlich-faktische und logische. In der Sprache ist das Paradox schon seit der Antike eine rhetorische Figur. Man sagt oft Sätze wie: „Das Stück hat mir gefallen und es hat mir nicht gefallen" – ein rhetorisches Stilmittel. Hier soll auf bestehende Gegensätze hingewiesen werden: Das Stück war alles, nur nicht mittelmäßig. Es könnten auch verschiedene Möglichkeiten zugleich angesprochen werden, etwa „das Haus ist zu groß und zu klein": zu groß für einen Einzelnen, aber zu klein für eine Großfamilie.

Eine andere Möglichkeit besteht darin, zwei verschiedene, widersprüchliche Adjektive zu verwenden: „Das Kleid ist schön hässlich" oder „XY ist ein großartiger Versager". Hier ist das negative Adjektiv oft eine Steigerung und Qualifizierung des positiven. Das Miteinander widersprüchlicher Eigenschaften nennt man auch *Oxymoron*. Eine einfache Aussage und Gegenaussage werden manchmal auch nur als Widerspruch bezeichnet, dagegen ist „sag niemals nie" ein echtes Paradox.

Andere Paradoxien sind mehr faktischer Natur. So bemerkte etwa Groucho Marx, einer der berühmten *Marx Brothers*, er werde „nie einem Club beitreten, der ihn als Mitglied aufnimmt." Das ist an sich nicht widersprüchlich, denn er kann natürlich jedem Club fernbleiben – es ist eher in der Absicht gegen sich selbst gerichtet: Schließlich würde Groucho offensichtlich einem Club beitreten. – Wenn er ihn nur als Mitglied ablehnt.

Faktische Paradoxien können oft in der Physik, aber auch in der Statistik, im menschlichen Verhalten oder in der Einschätzung von Sachverhalten auftreten. In der Physik sind es Situationen, in denen es eine wissenschaftlich-logisch korrekte Theorie gibt, die aber mit dem gesunden Menschenverstand oder einer Beobachtung kollidiert. Hier hat man also keinen logischen Widerspruch vorliegen, sondern eine Dissonanz von fundierter Theorie und Beobachtung. Diese wird aufgelöst entweder durch neue Begriffe, Theorien, manchmal ganze Gebiete einer Wissenschaft oder durch eine Erklärung oder Umdeutung der Beobachtungen. In den Naturwissenschaften ist ein scheinbarer Widerspruch oft eine Quelle neuer Ideen und Ansatzpunkt für Erweiterungen der Theorie.

Selbst wenn man experimentelle Daten vorliegen hat, die einer bestimmten, lange bewährten Theorie zuwiderlaufen, wird man schwerlich sofort die Theorie ändern, sondern versuchen, die Daten anders zu erklären bzw. sie als „fehlerhaftes Signal" einstufen zu können. Der Vorteil einer alten Theorie, tausendfach bestätigt zu sein, wiegt oft schwerer als neue Messwerte.

Ein Beispiel für ein physikalisches Paradox: nacheinander formulierten der Astronom Johannes Kepler, Edmond Halley (Namensgeber des Kometen), Philippe Loys de Cheseaux und schließlich der deutsche Astronom Olbers (1758–1840) das Paradox, dass der Nachthimmel eigentlich taghell sein müsste! Nimmt man nämlich an, es gäbe unendlich viele Sterne, die gleichmäßig am Himmel verteilt sind, so müsste der Himmel einheitlich leuchten: auf jedes Fleckchen Himmel kämen unendlich viele Sterne. Des Rätsels Lösung wurde später gefunden: Unser Kosmos ist endlich und expandiert. So gibt es nicht unendlich viele Sterne, und nicht jeder von einem Stern ausgesandte Lichtstrahl erreicht die Erde. Mit dieser neuen, logischen Erklärung löst sich das Paradox auf (siehe das Kapitel *Schwarz wie die Nacht*, S. 168).

Es gibt noch einen anderen Typus von physikalischen Paradoxien: Die scheinbaren Paradoxien, bei denen ein Vorgang, der von der Theorie vorausgesagt wird, sich mit der Intuition nicht vereinbaren lässt. Diese haben häufig dazu geführt, dass neue oder schwierige Theorien untermauert und besser verständlich geworden sind. So entwarf im Jahre 1935 Albert Einstein mit seinen Koautoren Boris Podolsky und Nathan Rosen das *Einstein-Podolski-Rosen-Experiment* (EPR-Experiment), welches zeigen sollte, dass die damals neue Quantentheorie unmöglich wahr sein könne. Entgegen den Erwartungen konnten die Experimente jedoch theoretisch erklärt und, erst vor wenigen Jahren, in einem Versuchsaufbau nachgeprüft werden.

Manchmal, vor allem bei statistischen (Schein-)Paradoxien, muss man sich einfach die Situation klar machen, woraufhin sich das Paradox in Luft auflöst. Man könnte für diese Art von Paradoxien der Wahrscheinlichkeit wieder auf den Hefeteig zurückkommen: Er ist ungenießbar in Rohform; am besten lässt man ihn eine Weile gehen, worauf er immer schmackhafter wird. Statistische Gesetze und Tatsachen sind oft unintuitiv und brauchen eine Weile, bis sie plausibel werden.

Als Beispiel hierfür soll das Monty-Hall-Problem (siehe Kapitel *Einen Bock schießen,* S. 67) dienen: die Situation ist eine Quizshow mit drei Türen, hinter denen sich ein Preis und zwei Nieten (Ziegen) befinden. Man wählt eine Tür, worauf der Quizmaster eine der beiden übrigen Türen öffnet, hinter der sich eine Ziege befindet. Es ist nun vorteilhafter, die Tür zu wechseln, als bei seiner ursprünglichen Wahl zu bleiben. – Die Wahrscheinlichkeit, dort den Preis zu finden, ist doppelt so hoch. Diese Tatsache akzeptieren die meisten Menschen nur durch langsame Gewöhnung oder Verinnerlichung der Argumente, die dafür sprechen.

In der Statistik und in Fächern, die von ihr viel Gebrauch machen, wie Ökonomie, Soziologie oder Psychologie, ist die Rechnung oft nicht die Schwierigkeit, sondern die Diskrepanz zum beobachteten Verhalten. Häufig spricht alles für eine bestimmte Verhaltensweise, die aber von den realen Versuchspersonen, also den Akteuren in Wirtschaft und Gesellschaft, nicht befolgt wird. Oder die Rechnungen ergeben ein eindeutiges Ergebnis, das der Intuition stark zuwider läuft.

Schließlich müssen noch die letzten und „eigentlichen" Paradoxien zur Sprache kommen: logische Paradoxien und Antinomien. Die Logik als Wissenschaft gibt es seit den alten Griechen, und schon damals ist man auf Aussagen gestoßen, die an sich nicht sinnlos sind, sich logisch jedoch nicht „ausbügeln" lassen. Sie sind im eigentlichsten Sinn Antinomien, also sich selbst entgegen stehende Behauptungen. Berühmt ist hier etwa die Antinomie des Empedokles, eines Kreters, der behauptete „alle Kreter lügen" (siehe Kapitel: *Die Kreter – immer Lügner*, S. 29). Hier beißt sich die Schlange des Denkens selbst in den Schwanz. Diese Sorte „Teigwaren" sollte in kleinen Dosen genossen werden.

In der neuesten Zeit sind aus dem Stamm der klassischen, mathematischen Logik eine Fülle von alternativen Logiken entstanden. Manche als Erweiterungen der klassischen, andere als Umdeutungen und Alternativen. Im letzten Jahrhundert haben die Beiträge berühmter Mathematiker, Logiker und Philosophen einige Grenzen der logisch-mathematischen Methode aufgezeigt. Berühmt sind hier die so genannten „Unvollständigkeitssätze" von Gödel, nach denen es Aussagen in der Mathematik (genauer: in jeder Formulierung der Mathematik, die es erlaubt, mit natürlichen Zahlen zu rechnen) gibt, die zwar wahr sind, sich jedoch nicht beweisen lassen. Die Beweise für diese Sätze sind Paradoxien nicht unähnlich.

I.

Die klassischen Paradoxien

Der Zeitlupensprinter

Die Paradoxien des Zenon, zu denen auch dasjenige von Achill und der Schildkröte gehört, sind wohl die ältesten und bekanntesten Paradoxien. Zenon von Elea gehörte der Eleatischen Schule der Philosophie an, die angeblich vom Religionsphilosophen und Dichter Xenophan (570 v. Chr. geboren) gegründet wurde. Die Eleaten, eine Gruppe ionischer Griechen, war im Jahr 545 v. Chr. von der heranrückenden persischen Armee von ihrer Heimatinsel Phocaea vertrieben worden. Sie segelten nach Korsika, das sie nach blutiger Schlacht mit den Karthagern und Etruskern besetzten. Nur zehn Jahre später verloren sie die Insel wieder und gingen an der Südwestküste Italiens an Land, vertrieben die ortsansässigen Oenotrier und gründeten die Kolonie Elea.

Der größte Eleatische Philosoph war Parmenides (geboren ca. 539 v. Chr.). Er verfocht die Lehre, dass der gesamte Kosmos eins sei, ewig und unabänderlich. Nur die äußeren Erscheinungsformen der Dinge änderten sich, nicht ihr Gehalt. Er gilt als der erste Logiker und Vater der Metaphysik in der griechischen Philosophiegeschichte.

Zenon wurde ca. 490 v. Chr. in Elea geboren und starb dort um 430. Er war Freund und Schüler Parmenides' und Anhänger dessen Philosophie. Die Paradoxien, die heute seinen Namen tragen, waren wohl ursprünglich Argumente zur Verteidigung der eleatischen Lehre. Das meiste, was man von ihm weiß, stammt aus einem Dialog Platons mit Namen *Parmenides*, in dem gesagt wird, die Texte und Beispiele seien in Zenons Jugend geschrieben, gestohlen und ohne seine Zustimmung veröffentlich worden. Die Originale sind verloren gegangen, und alles, was man von den Paradoxien heute kennt, stammt aus zweiter Hand, u. a. den Schriften Aristoteles'. Laut Proclus, einem Kommentator Parmenides', gab es ursprünglich „… nicht weniger als 40 Argumente, die Widersprüche aufwiesen…" Zenon galt als groß und gut aussehend und war auch politisch engagiert. Nach einer antiken Legende wurde er von einem Tyrannen, entweder von Syrakus oder Elea, gegen den er konspiriert hatte, getötet.

Der griechische Held Achill, pfeilgleicher Athlet, macht ein Rennen mit der Schildkröte. Großzügig, wie er ist, gibt er ihr zehn Schritte (Meter) Vorsprung. Beim Startschuss rennen beide los, doch als Achill am Zehn-Schritte-Punkt ankommt, ist die Schildkröte schon weiter! Sie ist zehnmal langsamer als Achill, hat also in der Zeit eine Strecke von einem weiteren Meter zurückgelegt. Achill rennt diesen Meter, doch als er bei Meter elf ankommt, ist die Schildkröte wieder weiter, usw. usw. Achill kann die Schildkröte offenbar nie einholen.

Wie hat man sich das vorzustellen: unendlich viele Strecken mit immer kleinerer Länge? Hemdsärmelig würde man sagen, Logik hin oder her, Achill wird die Schildkröte spätestens bei Meter 12 oder

13 überholt haben. So ähnlich sah das der Legende nach auch
ein anderer griechischer Philosoph, Diogenes der Zyniker, der
während der Beschreibung des Paradoxes einfach aufstand und
wegging, um seine Ansicht klarzumachen, dass diese Vorstellung Unsinn sei. Man kann jedoch davon ausgehen, dass Zenon als Anhänger seiner philosophischen Richtung nicht zeigen wollte, dass eine Bewegung *praktisch* unmöglich wäre, was
eher abwegig scheint, sondern dass unsere mathematisch-phi-
losophischen *Begriffe* davon falsch sind. In Wirklichkeit sei, laut
Zenons Lehrer Parmenides, jede Veränderung, also auch eine
Bewegung, eine Illusion, da der Kosmos ewig, unteilbar und
eins sei; nichts verändere sich, es gibt kein „Werden und Vergehen", also auch keine echte Bewegung.

Von der Argumentation her war seine Methode neu, die Argumente der Gegenseite, Bewegung sei einfach Überbrü-
ckung von Entfernungen, ad absurdum zu führen. So gilt er als
Erfinder dieser Art von Argumentation, die man in der Mathematik den *Widerspruchsbeweis* nennt.

Zurück zu Achill. Eine unendliche Summe von Größen
kommt in der Mathematik häufig vor und wird *Reihe* genannt. Nimmt man beispielsweise die Zahlen $1/2, 1/4, 1/8, 1/16$
usw. und bildet ihre Summe:

$$1/2 + 1/4 + 1/8 + 1/16 + \dots,$$

so erhält man genau 1. Dies kann man sich an einem Bild
veranschaulichen. Hier wird ein Quadrat mit Seitenlänge 1,
also auch Fläche 1 so geteilt, dass immer das rechte, obere
Flächenstück halbiert wird:

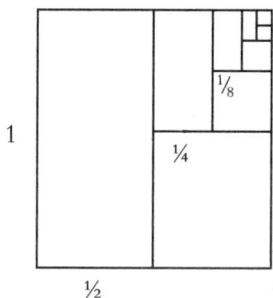

Das linke, längliche Rechteck hat die Fläche $^1/_2$, das Quadrat rechts unten die Fläche $^1/_4$, das Rechteck links darüber die Fläche $^1/_8$, das Quadrat rechts davon $^1/_{16}$ usw. Man erhält als Flächensumme

$$^1/_2 + ^1/_4 + ^1/_8 + ^1/_{16} + \ldots = 1.$$

Diese Art der Berechnungen ist Teil eines mathematischen Gebietes, das Analysis oder Infinitesimalrechnung genannt wird. Es ist sehr viel jünger als die Geometrie der Griechen: etwa 350 Jahre sind vergangen, seit Newton und Leibniz sie erfanden. Es dauerte dann noch bis ins 19. Jahrhundert, bis man eine „sattelfeste" Formulierung für die Berechnung solcher Summen fand.

Die Mathematiker der früheren Neuzeit rechneten schon mit unendlichen Reihen, ohne genau sagen zu können, warum diese Rechnungen richtig waren. Sie kannten den Wert einiger Summen (z.B. der obigen) und schlossen daraus auf den Wert anderer. Hatte etwa eine Reihe den Wert 1, und eine andere den Wert 2, so hatte die Reihe, die man durch abwechselndes Addieren der einen und der anderen Reihe erhielt, den Wert 3. So kam man zu vielen Summenformeln, ohne wirklich zu wissen, warum sie korrekt waren.

Schließlich kam man auf die Lösung, die berühmt-berüchtigte „ε-Methode" (griech. Epsilon). Mit ihr kann man eine unendliche Reihe präzise berechnen. Hier gibt man ein beliebig kleines ε vor, und sucht dann einen „Grenzsummanden", ab dem der Unterschied der Reihe von 1 nie mehr größer als ε wird. Eine Reihe hat also eine bestimmte Summe, wenn man „beliebig nahe" durch endliches Summieren an sie herankommt – ohne spätere Abweichler. Formal sagt man, dass es zu ε eine Zahl N gibt, so dass alle Summen mit mehr Gliedern als N (für die Zahl der Summanden n gilt n > N) näher an 1 liegt als ε:

$$1 - (^1/_2 + ^1/_4 + ^1/_8 + ^1/_{16} + \ldots + (^1/_2)^n) < \varepsilon$$

In dieser neuen Definitionsweise wird nicht verlangt, unendlich viele Summanden zu addieren, was auch unmöglich wäre, sondern es reichen immer endlich viele. Die Summe ist dann „gleich" 1, wenn man sie beliebig nahe an eins heranbringen kann. Diese Rechenweise ist weniger bequem als die, einfach mit bekannten Reihen zu hantieren, hat aber den Vorteil, dass man sichere und miteinander vereinbare Ergebnisse erhält.

Zurück zum vorhin gezeichneten Quadrat, dessen Flächensumme wir jetzt noch mit Hilfe der Formelsammlung berechnen wollen. Betrachtet man die einzelnen Summenglieder, so sieht man, dass das jeweils Nächste genau die Hälfte des Vorigen ist: $^1/_4 = ^1/_2 : 2$, $^1/_8 = ^1/_4 : 2$, usw. Man kann jetzt statt durch 2 zu teilen auch mit $^1/_2$ malnehmen: $^1/_4 = ^1/_2 \times ^1/_2$,

$^1/_8 = {}^1/_2 \times {}^1/_4$, $^1/_{16} = {}^1/_2 \times {}^1/_8$ usw. Weiter erhält man dafür dann die Folge $^1/_2$; $^1/_2 \times {}^1/_2$; $^1/_2 \times {}^1/_2 \times {}^1/_2$, $^1/_2 \times {}^1/_2 \times {}^1/_2 \times {}^1/_2$ usw. Für den n-ten Summanden erhält man also den Ausdruck $^1/_2 \times {}^1/_2 \times \dots \times {}^1/_2$ (n Stück), was man auch $({}^1/_2)^n$ schreibt. Die gesamte Summe ist also

$$({}^1/_2)^1 + ({}^1/_2)^2 + ({}^1/_2)^3 + \dots + ({}^1/_2)^n + \dots .$$

Solche Reihen, in denen jeder nächste Summand die nächste Potenz der gleichen Zahl ist, wird „geometrische Reihe" genannt. Aus einer Formelsammlung entnehmen wir ihre Summe, jetzt für eine beliebige Zahl x anstatt $^1/_2$:

$$1 + (x)^1 + (x)^2 + (x)^3 + \dots + (x)^n + \dots = {}^1/_{1-x}$$

In unserem Fall ergibt sich $1 : 1-{}^1/_2 = 2$; nach Abzug des ersten Summanden 1 (er fehlt in der ursprünglichen Reihe) erhält man 1.

Die Griechen hatten eine starke Abneigung gegen das Unendliche. Aristoteles unterschied zwischen dem „aktual Unendlichen" und dem „potentiell Unendlichen". Er lehnte das aktual Unendliche, also Größen, die unendlich groß waren, ab. Dagegen akzeptierte er das potentiell Unendliche, also Größen, die nach oben nicht begrenzt waren, also beliebig groß werden konnten.

Damals sah man die Längen der Geometrie und die Verhältnisse von Zahlen als den Kern der Mathematik, aber auch der „Naturphilosophie", der damaligen Physik. In der später Euklidisch genannten Geometrie fand man beispielsweise heraus, dass sich die Seitenhalbierenden eines Dreiecks in einem Punkt treffen, der die Linie genau im Verhältnis eins zu zwei teilt. Eine Kugel hat genau zwei Drittel des Volumens eines Zylinders, der sie enthält. Eine Saite, die in einem bestimmten Verhältnis schwingt, erzeugt einen Wohlklang: schwingt sie im Verhältnis 1 : 2, ertönt eine Oktave, im Verhältnis 2 : 3 eine Quinte, 3 : 4 eine Quarte usw. Analog stellte man sich die „Harmonie der Sphären" als das Zusammenwirken der Naturkräfte vor.

Mit unendlichen Größen verlässt man jedoch den sicheren Boden der Zahlenverhältnisse; erst im 19. Jahrhundert wurde der Begriff „unendlich" in seiner heute gültigen Form präzisiert. In der heutigen Mathematik ist es daher im Gegensatz zur griechischen üblich, mit unendlich großen oder kleinen Größen zu rechnen, wenn das in widerspruchsfreier Weise geschehen kann.

Zurück zu Achill, dessen Weg wir jetzt berechnen können. Die erste Wegstrecke war ja 10 m, die zweite 1 m, die dritte wäre dann $^1/_{10}$ m = 10 cm, die vierte $^1/_{100}$ m = 1 cm usw. Wir wollen das jetzt umschreiben, wie die Tabelle zeigt:

Länge	Bruchteil	Bruchteil als Potenz[1]
10 m	1 x 10 m	$(^1/_{10})^0$ x 10 m
1 m	$^1/_{10}$ x 10 m	$(^1/_{10})^1$ x 10 m
10 cm	$^1/_{100}$ x 10 m	$(^1/_{10})^2$ x 10 m
1 cm	$^1/_{1000}$ x 10 m	$(^1/_{10})^3$ x 10 m
...	...	...

---

[1] Jede Zahl hoch 0 ist gleich 1.

Man sieht also, dass man Achills Entfernung, bis er die Schildkröte eingeholt hat, als unendliche Reihe schreiben kann. Wir
summieren die Einträge der dritten Spalte:

$$1 \times 10 \text{ m} + (^1/_{10})^1 \times 10 \text{ m} + (^1/_{10})^2 \times 10 \text{ m} + (^1/_{10})^3 \times 10 \text{ m} + \dots$$

oder nach Ausklammern

$$10 \text{ m} \times (1 + (^1/_{10})^1 + (^1/_{10})^2 + (^1/_{10})^3 + \dots).$$

Dies ergibt wieder nach der Formel für die geometrische
Reihe $10 \text{ m} \times (^1/_1 - (^1/_{10})) = 10 \times {}^{10}/_9$ oder ca. 11,1 Meter.
Zwischen Meter 11 und 12 überholt Achill also die Schild-
kröte.

Es gibt natürlich auch andere Ansätze zur Lösung dieses Problems, die aber alle nicht auf die Beschreibung des Zenon
abzielen, sondern das Problem mit anderen Mitteln lösen.

Der Praktiker könnte etwa sagen, dass Achill zehnmal so
schnell ist wie die Schildkröte, also auch zehnmal so viel Wegstrecke absolviert. Ist der Weg von Achill w_A und der der
Schildkröte w_S, so ist $w_A = 10 \times w_S$ (das ist richtig, egal wie
weit sie schon gelaufen sind). Ihr anfänglicher Abstand war 10
m, sodass weiter $w_A - w_S = 10$ m ist.

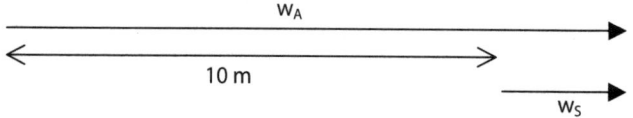

Das lässt sich schreiben als $w_A = w_S + 10$ m. Setzt man dies in die erste Gleichung ein, so folgt $w_S + 10$ m $= 10 \times w_S$, 10 m $= 9 \times w_S$ oder $w_S = {}^{10}/_9$ m. Die Schildkröte läuft also ${}^{10}/_9$ m $\approx$ 1,1 m und Achill $w_A = 10 + {}^{10}/_9 = 10 \times {}^{10}/_9$ oder ca. 11,1 m.

Eine andere Möglichkeit wäre, die Geschwindigkeiten der beiden in ein Diagramm einzutragen (Achill rennt hier zehn Meter, die Schildkröte einen Meter pro Sekunde):

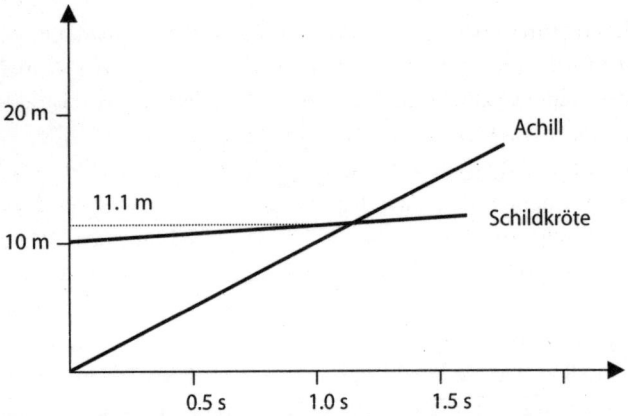

Das ist das erste Paradox Zenons, aber er geht noch weiter: Achill könnte nie zur Zehn-Meter-Marke gelangen! Denn Zenon erfand ein weiteres Paradox, das „Paradox der Zwei-teilung":

> *Um eine bestimmte Strecke zu bewältigen, muss man erst die Hälfte davon durchqueren. Von dieser Strecke muss man jedoch wieder erst die Hälfte überwinden usw., also eine un-*

*endliche Menge von Strecken in nur endlicher Zeit, was un-
möglich ist.*

Wie wir oben beim Summieren schon gesehen haben, kann
man das mittels einer unendlichen Reihe lösen. Eine völlig
andere Frage ist, ob es im (physikalischen) Raum überhaupt
unendlich kleine Strecken gibt. Die moderne Physik hat seit
ihren revolutionären Neuerungen Anfang des letzten Jahrhunderts viele Größen in der Natur gefunden, die sich nicht
unendlich teilen lassen. Die ersten solchen Größen waren die
Energiemengen von Licht, die nur im Mehrfachen bestimmter Grundmengen, den Quanten, vorkommen, woraus sich
der Name Quantentheorie herleitet. Die Massen und Ladun-
gen von Elementarteilchen sind nicht teilbar, usw. Ob der
Raum und die Zeit kontinuierlich, also unendlich, teilbar sind,
oder ein „Gitter" darstellen, ist eine Frage, die momentan
noch ungelöst ist.

Im Flug gefangen

Mit dieser Frage ist auch das dritte Zenonsche Paradox verknüpft, das Pfeilparadox.

Ein Pfeil okkupiert genau seine Ausdehnung im Raum. Einen Augenblick später okkupiert er einen anderen Raumausschnitt. Im ersten Fall hat er sich noch nicht bewegt, im zweiten bewegt es sich nicht mehr. Es steht also stets still.

Wenn der Raum aus einem Gitter möglicher Punkte bestünde, wäre dies wirklich der Fall, und jedes Objekt müsste unendlich schnell von einem Gitterpunkt zum nächsten springen. Davon gingen die Griechen jedoch nicht aus. Sie meinten vielmehr, wenn man den Pfeil in einem bestimmten Augenblick betrachtete, würde er sich nicht bewegen, ebenso im nächsten Augenblick. Aristoteles wollte das Paradox lösen, indem er das „Jetzt" als Augenblick nicht als Teil der (ausgedehnten) Zeit ansah.

Auch dieses Problem wurde durch die Analysis gelöst, und zwar in einer überraschenden Weise: Man muss gar nicht die Bewegung beschreiben, sondern kann ihre Bahn zu jedem Zeitpunkt berechnen. So steht der Körper jeden Augenblick still, im Ablauf der Augenblicke bewegt er sich jedoch. Schon Newtons klassische Mechanik beschrieb Bewegung als festgelegte Bahn. So ist etwa die Bahn eines Planeten um die Sonne eine Ellipse (ein „geplätteter" Kreis; die Bahn der Erde weicht

nur sehr wenig von einem perfekten Kreis ab). Der Standpunkt des Planten zu jedem Zeitpunkt wäre somit fix, genau
wie Zenon es beschrieb, die Bewegung eine Aneinanderrei-
hung von fixen Punkten.

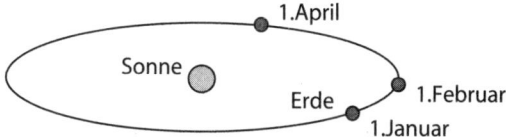

(Die Planeten bewegen sich gemäß den Keplerschen Geset-
zen, die exakten Bahnen werden jedoch von anderen Faktoren beeinflusst; siehe auch später die Ausführungen zum
„Zwillingsparadox", S. 162.)

In dieser Beschreibung wird die Bewegung zu einem Ablauf
auf einer fixen, unwandelbaren Bahn. Gibt man einen An-
fangszeitpunkt t_0 an – etwa den 1. Januar 2005 –, so lässt sich
die Position der Erde in Abhängigkeit von der abgelaufenen
Zeit t berechnen (am 1. April 2005 wäre t = 90 Tage):

$$\text{Position(Erde)} = p_E(t)$$

Ebenso ist es mit dem Pfeil, und für ihn können wir sogar eine
Formel angeben. Ein Wurfgeschoss fliegt nämlich, wenn man
den Luftwiderstand vernachlässigt, auf einer Parabel, die vom
Anfangswinkel und der Anfangsgeschwindigkeit abhängt:

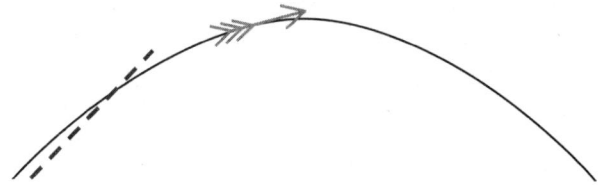

Man kann zu jedem Zeitpunkt die Position ausrechnen und erhält eine kontinuierliche Strecke.

In den siebziger Jahren des vorigen Jahrhunderts fanden die amerikanischen Physiker E. C George Sudarshan und Baidyanath Misra von der University of Texas in Austin den so genannten Quanten-Zenon-Effekt. Sie zeigten, dass, wenn man Elementarteilchen in sehr kurzen Anständen beobachtete, sie sich nicht mehr bewegen können. Die Methode nutzt das Faktum aus, dass in der Quantenwelt Beobachtungen das Verhalten der beobachteten Teilchen beeinflussen. Senkt man die Frequenz, so zeigt sich ein so genannter Anti-Quanten-Zenon-Effekt: Das Teilchen neigt zu mehr Bewegung als vorher. Dieser Effekt stellt aber eher eine physikalische Analogie zum Pfeilparadox dar, als dass es das ursprüngliche Problem löst.

Zenon hinterließ noch zwei weitere Paradoxien, die beweisen sollten, dass „Vielheit" überhaupt unmöglich sei. Wie oben angedeutet, war das die Hauptthese seiner philosophischen Schule. Die Stellen sind von Simplizius, einem byzantinischen Philosophen aus dem 6. Jahrhundert n. Chr., überliefert, der beschreibt, Zenon hätte zunächst versucht zu zeigen, dass das, was ohne Größe, Dicke und Körper sei, nicht existieren könne: „*Denn wird es zu etwas anderem hinzugefügt, macht es dieses nicht größer; wird es von etwas anderem abgezogen, macht es dieses nicht kleiner. Aber wenn es bei Hinzunahme nichts vergrößert, noch bei Wegnahme verkleinert, so ist klar, dass das, was hinzugefügt oder abgezogen wurde, nichts war.*" Später: „*Dann ist es notwendig, dass das eine einen gewissen Abstand vom anderen halten muss … denn auch dieses hat Größe und etwas von ihm steht hervor. Dieses einmal zu sagen ist dasselbe wie es immer wieder zu sagen …*" Und schließlich: „*Gibt es daher viele Dinge, so müssen sie klein und groß sein: Klein, um überhaupt keine Größe zu haben, und groß für eine unendliche Ausdehnung.*"[2]

Diese Aussagen müssen interpretiert werden. Im ersten Satz sagt Zenon, wenn man an eine Strecke einzelne Punkte anfügt oder weglässt, ändert sich die Länge der Strecke nicht, da Punkte die Länge null haben. Genau das ist auch das Ergebnis der modernen mathematischen Behandlung. Einzelne Punkte, ja selbst unendlich viele davon, haben Länge null, vergrößern oder verkleinern eine Strecke nicht durch Hinzufügen oder Wegnehmen.

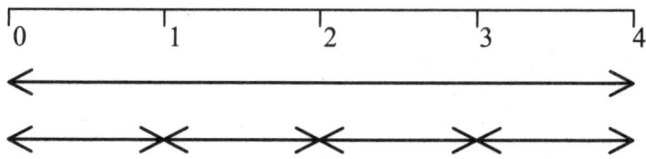

Ein Pfeil der Länge 4 ist genauso lang wie vier Pfeile der Länge 1, obwohl drei Punkte an den Koordinaten 1, 2 und 3 fehlen (Pfeile sind hier Strecken ohne ihre Endpunkte).

Im zweiten Abschnitt sagt er, eine Strecke könne beliebig geteilt werden und immer noch eine Ausdehnung behalten, sei also „unendlich groß". Auch für diese Beobachtung gibt es in der modernen Mathematik eine Entsprechung: in jedem noch so kleinen Streckenstück gibt es unendlich viele Punkte. Al-

---

2   Zitiert nach Website von Prof. Geyer, Universität Erlangen http://www. mi.uni-erlangen.de/~geyer/geschich/zenon.ps.

lerdings ist damit die Länge des Stückes nicht unendlich. Hat man einmal eine Skala festgelegt, hat das halbierte Strecken- stück auch die Länge $1/2$.

Es folgt nicht, dass die Gesamtstrecke unendlich ist.

Zenon folgerte nun, da jeder Gegenstand im Raum unendlich groß und unendlich klein sei, sei die Idee der Ausdehnung absurd, es gäbe also keine einzelnen Gegenstände. Wie es mög- lich ist, aus „unendlich kleinen" Einzelpunkten ein Konti- nuum zu konstruieren, wird in den Kapiteln zu Hilberts Hotel (S. 137) und zum Banach-Tarski-Paradox (S. 145) noch einmal aufgegriffen.

Die Kreter – immer Lügner

Das vielleicht bekannteste Paradox überhaupt ist das des Epimenides (7. bis 6. Jahrhundert v. Chr.), eines Kreters. Kreter galten in Griechenland als notorische Lügner. Epimenides also schrieb (zitiert vom Apostel Paulus):

> *Es hat einer von ihnen gesagt, ihr eigener Prophet:*
> *„Die Kreter sind immer Lügner, böse Tiere und faule Bäuche."*
> *Dies Zeugnis ist wahr.*

Epimenides sah dies selbst nicht als Paradox an (er betrachtete sich wohl als Ausnahme), und erst in späterer Zeit wurde das Paradoxe der Aussage herausgestellt. Eigentlich ist die Aussage, gekürzt zu

> *alle Kreter lügen,*

wie man bald sehen wird, kein „richtiges" Paradox, sondern nur die „Hälfte" eines Paradoxes. Nehmen wir nämlich an, alle Kreter lügen wirklich (immer), so wäre auch dieser Satz aus dem Munde eines Kreters falsch, sodass nicht alle Kreter lügen: ein Widerspruch. Umgekehrt jedoch: Wenn der Satz falsch ist, also nicht alle Kreter lügen, so heißt das nicht, dass alle Kreter immer die Wahrheit sagen, sondern dass mindestens ein Kreter nicht lügt. Dieser Schluss ist gewöhnungsbedürftig – die Verneinung von „Alle X sind Y" ist „mindestens ein X ist nicht-Y". Verneint man „alle Engländer trinken Tee mit Milch", so erhält man nicht „Alle Engländer trinken Tee ohne Milch", sondern „mindestens ein Engländer trinkt Tee ohne Milch". Die Aussage ist also schon falsch, wenn es auch nur einen Engländer gibt, der Tee ohne Milch trinkt.

So ist es auch mit dem Kreter, wenn er nicht die Wahrheit sagt: Nicht „alle Kreter sagen die Wahrheit", sondern „mindestens ein Kreter sagt die Wahrheit". Dies muss aber nicht Epimenides selbst sein; es könnte auch auf einen beliebigen anderen Kreter zutreffen. Somit führt die Aussage, wenn sie falsch ist, nicht zu einem Widerspruch: Ein Kreter sagt die Wahrheit, während Epimenides lügt, wenn er sagt „alle Kreter lügen".

In der formalen Logik, einem der jüngeren Teilbereiche der Mathematik, gibt es spezielle Zeichen für die Ausdrücke „für alle…" und „es existiert mindestens ein…", : ein umgekehrtes „A" ($\forall$) und ein von rechts gelesenes „E" ($\exists$). Wenn man nun die Kreter mit k bezeichnet und lügen mit L(k), so wird aus dem Kreterparadox der formale Satz

$\forall$k L(k) (für alle Kreter gilt: sie lügen).

Schreibt man noch das Symbol ¬ für „nicht", so kann man die Umkehrung hiervon, wie wir sie im Text beschrieben haben, schreiben als

$\exists$k ¬L(k) (es gibt einen Kreter, für den gilt: Er lügt nicht).

Diese Umkehrung gilt immer: Verneint man eine All-Aussage ¬$\forall$x a(x), so ergibt sich $\exists$x ¬a(x) – in Worten: „Nicht für alle x gilt die Eigenschaft *a*" ist äquivalent zu „Es gibt ein x, für das *a* nicht gilt".

Wie man sieht, gibt es in der Mathematik eine eigene Notation, ähnlich wie in der Musik die Notenschrift. Es handelt sich hier um ein *formale Sprache*, einer Art Programmiersprache für logische Argumente, etwa Beweise. Die Regeln, nach denen man mit dieser Sprache umgeht, sind rein mechanisch, analog zum Umschreiben („Kompilieren") von Computersprachen in Maschinencode. Genau wie dort hat die Sprache eine Syntax (einen Zeichensatz und Verknüpfungsregeln) und eine Semantik, also eine Sinnbelegung. Im obigen Beispiel war die Syntax die neu beschriebenen Symbole und die genannte Regel, während die Semantik aus der Erklärung k sind „Kreter", L(k) bedeutet „k lügt", besteht.

Zurück zur deutschen Sprache. Eine kürzere und verschärfte Form des Kreterparadoxes ist das Lügnerparadox, erstmals erwähnt von Eubulides von Milet (4. Jahrhundert v. Chr.):

> *Ich lüge gerade*

oder auch:

> *Diese Aussage ist falsch.*

Hier hat endgültig der Satz sich selbst verneint: Wenn er wahr ist, so ist er falsch, und wenn er falsch ist, dann ist er wahr. Solch ein Satz schaut völlig unangreifbar aus: Er ist kurz und enthält nichts, was durch Interpretation oder logische Klärung wie im letzten Kapitel beseitigt werden könnte. Andererseits lädt ein solcher Satz zu kreativem Denken ein, denn der menschliche Verstand hat wohl einen eingebauten Spieltrieb, wenn er auf Unlösbares stößt.

Die erste und kürzeste Fluchtroute ist, dass der Satz sinnlos ist.
Dies klingt zuerst nach einem leichten Ausweg. Der Satz ist
aber im Deutschen recht leicht zu verstehen, und durch eine
kleine Änderung, wie etwa „dieser Satz ist kurz" wird der Satz
nicht nur sinnvoll, sondern auch wahr. (Wirklich sinnlose Sätze wären solche wie „mehr, je desto grün". Er ist grammatisch
inkorrekt und vergleicht darüber hinaus zwei unterschiedliche Eigenschaften, Menge und Farbe.)

Eine zweite Lösung wäre, Sätze, die sich auf sich selbst beziehen, in einer Sprachregelung zu verbieten. Doch diese Lösung
reicht auch nicht, wie die Zwei-Sätze-Version des Paradoxes
zeigt, die schon in der Antike bekannt war:

> *Der folgende Satz ist falsch.*
> *Der vorhergehende Satz ist wahr.*

Jeder Satz bezieht sich nur auf einen anderen. Die einzige
Lösung wäre, jeden Bezug auf Sätze (dieser Sprache) auszu-
schließen.
Man könnte alle Sätze per Sprachregelung „verbieten", die
sich irgendwann auf sich selbst beziehen. Dann wären etwa,
ähnlich wie im vorigen Beispiel, die Sätze

> *Der nächste Satz ist wahr*
> *Der nächste Satz ist wahr*
> …
> *Der erste Satz ist falsch*

nicht zulässig. Das wäre sehr mühsam nachzuprüfen, da man
alle Sätze daraufhin untersuchen müsste, ob sie sich auf etwas
beziehen, das sich wiederum auf sie selbst bezieht. Und man

hat auch hierfür eine Lösung gefunden. Man kann eine unendliche Folge von Sätzen bilden, die nicht wahr sein können – die sich aber nicht auf sich in zirkelhafter Weise beziehen:

(1) *Satz 2 und alle folgenden Sätze sind falsch*
(2) *Satz 3 und alle folgenden Sätze sind wahr*
(3) *Satz 4 und alle folgenden Sätze sind falsch*
...

ist nicht zu erfüllen. Jeder Satz macht seinen Vorgänger falsch.

Eine weitere Lösung ist zu sagen, der Satz sei weder wahr noch falsch, oder sowohl wahr als auch falsch. Damit hat man das Problem erst einmal umgangen, dafür aber eine neue Art Aussagen geschaffen, die weder-wahr-noch-falschen oder unbestimmten Aussagen. In der klassischen Logik gibt es sie nicht, dort gilt das *tertium non datur*, das *Prinzip des ausgeschlossenen Dritten*: Eine Aussage muss entweder wahr oder falsch sein.

In der Alltagssprache ist dies keineswegs der Fall: die meisten Aussagen werden als wahrer im Sinne von substanzieller als andere gesehen. Erst durch bewusstes Einschränken und Präzisieren wird daraus eine Aussage, die entweder wahr oder falsch ist. Beispielsweise könnte die Aussage „wegen des schönen Wetters wurden viele Sonnenhüte verkauft" wohl kaum hundertprozentig wahr sein: Andere Einflüsse, wie Feriensaison, Jahreszeit oder ein spezieller Anlass, werden auch mitspielen. Man könnte sagen „überwiegend wegen des schönen Wetters…" und so der Wahrheit näher kommen. Weitere Verbesserungen wären „abgesehen von den Besucherzahlen, von der Jahreszeit und der momentanen Veranstaltung, wurden die Ver-

käufe von Sonnenhüten auch durch das Wetter beeinflusst."
Dies erscheint dann wahrer, und damit der erste Satz „wahr"
ist, müsste man sagen, man habe diesen, präzisierten, gemeint.

Eine Logik mit zwei Werten, wahr und falsch, wird auch biva-
lent genannt (Lateinisch bi für zwei, valent für Wertigkeit).
Wir haben nun also einen weiteren Wert eingeführt, unentschieden: weder wahr noch falsch. Hier greift der „verschärfte
Lügner", die Aussage

> *Dieser Satz ist nicht wahr.*

Wenn der Satz wahr ist, ist er nicht wahr. Ist er unentschieden,
so ist er wahr. Ist er aber falsch, so ist er auch wahr. In allen drei
Fällen ergibt sich ein Widerspruch. Bliebe also nur die Möglichkeit, der Satz sei sowohl war als auch falsch. Solche Konstruktionen erlaubt die „parakonsistente Logik".

Eine weitere Möglichkeit wurde von A. N. Prior vertreten:
Die Äußerung eines Satzes beinhaltet die Annahme, er sei
korrekt. Wenn man etwa sagt „zwei plus zwei ist vier", so ist
das gleichbedeutend und nicht weniger informativ, als wenn
man sagt „zwei plus zwei ist vier und diese Aussage ist wahr".
Die Äußerung setzt ihre Wahrheit voraus.

Dass man normalerweise gemachte Äußerungen als wahr betrachtet, ist plausibel. In vielen Sprachen gibt es für Aussagen,
die bezweifelt werden können, eigene Verbformen, im Deutschen den Konjunktiv, etwa in „es gibt Eis zum Nachtisch"
mit „er sagt, es *gäbe* Eis zum Nachtisch". Nach dieser Meinung könnte man jeder Aussage den Zusatz „und dieser Satz

ist wahr" anhängen, ohne den Aussagegehalt zu verändern. Nun wird das Lügnerparadox zu

> *Dieser Satz ist falsch und dieser Satz ist wahr,*

was nicht paradox, sondern falsch ist: Der zweite Halbsatz ist die Verneinung des ersten. Der Satz ist von der Form „A und nicht-A", ein Widerspruch. Aber auch hier lässt sich eine Version der Zwei-Sätze-Form bilden, die zu einem Widerspruch führt. Nimmt man den Satz

> Der folgende Halbsatz ist falsch und der vorhergehende Halbsatz ist wahr

und ergänzt ihn durch denselben Zusatz wie oben, erhält man:

> *Dieser Satz ist wahr, der folgende Halbsatz ist falsch und der vorhergehende Halbsatz ist wahr,*

was immer noch widersprüchlich ist[3].

Es gibt Abwandlungen des Paradoxes, die nicht zu einem Widerspruch, sondern zu anderen ungewollten Konsequenzen führen. Ein Beispiel dafür wäre etwa die Zusammenstellung der Sätze

---

[3]   Der Satz ist sicher nicht wahr, denn dann müssten alle (mit und verbundenen) Satzteile wahr sein, was für die Satzteile 2 und 3 unmöglich ist. Ob er falsch ist, ist nicht genau bestimmt: Ein Satz ist falsch, wenn einer seiner Satzteile falsch ist. Der erste („Dieser Satz ist wahr…") ist sicher falsch. Es bleibt zu klären, ob die anderen Teile entweder wahr oder falsch sein müssen (das ist unmöglich, da sie zusammen ein Paradox ergeben; es gibt keine mögliche wahr-falsch-„Belegung") oder unentschieden sein können.

Einer der folgenden Sätze ist wahr
Der vorhergehende Satz ist falsch
Morgen scheint die Sonne,

womit bewiesen wäre, dass morgen die Sonne scheint; der zweite Satz kann ja nicht wahr sein. Es gibt viele Varianten dieses Satzes, etwa

Dieser oder der nächste Satz ist falsch
Morgen scheint die Sonne.

Man kann die Logik auch umdrehen, wie es Saul Kripke, ein amerikanischer Philosoph getan hat. Demnach wären die Sätze

Die Mehrheit der folgenden Sätze ist falsch
Mecklenburg-Vorpommern ist schöner als Bayern
Dieser Sommer ist wärmer als der letzte
Der erste Satz ist wahr

nur dann kein Paradox, wenn die Sätze zwei und drei falsch sind, was man als subjektiv bzw. zufällig bezeichnen könnte. Wenn das Lügnerparadox nicht gelöst ist, kann man daraus also weitere Widersprüche formulieren.

Eine weitere Route zur Lösung des Lügnerparadoxes hat Alfred Tarski, ein Mathematiker der polnischen Schule, gewählt. Er fragte sich im Rahmen der mathematischen Logik, ob man Wahrheit als „Prädikat", also als Eigenschaft eines Objekts, in dieser Sprache behandeln könnte. Schreibt man den obigen Satz in einer formalen Sprache (einer Erweiterung der Sprache, die schon im Kapitel über die Kreter behandelt wurde), so benötigt man ein solches Prädikat der Form $w(X)$ für

„Aussage X ist wahr", den so genannten Wahrheitswert von X. Tarski zeigte, dass es ein solches Prädikat in der Sprache selbst nicht geben könnte, sondern nur in einer „Metasprache", also einer Sprache, die einen erweiterten Wort- und Symbolschatz hat. Man kann also in einer formalen Sprache keine Sätze wie „dieser/jener Satz ist wahr" in der Sprache selbst formulieren, ohne sich in Widersprüche zu verwickeln, sondern man benötigt eine Metasprache. Der Beweis ist eine Formalisierung des Lügnerparadoxes. Diese Erkenntnis führte zu einem unendlichen „Turm" von Metasprachen. Begann man mit der gewöhnlichen formalen Mathematiksprache, benötigte man eine erste, erweiterte Metasprache, die wiederum eine Metasprache benötigte, usw. Dieser Ansatz ist in der Mathematik akzeptiert, wird in der Philosophie jedoch angefochten.

Auch der österreichische Mathematiker Kurt Gödel hat das Paradox, in leicht veränderter Form, verwendet, und zwar zum Beweis seines Unvollständigkeitssatzes. In diesem berühmten Satz bewies Gödel, dass es Aussagen in der Mathematik gibt, die zwar wahr, aber nicht beweisbar sind. Er bildete einen „Lügnersatz", in dem er die Eigenschaft „wahr" durch „beweisbar" ersetzte. Er zeigte, dass der Satz „dieser Satz ist nicht beweisbar" wahr, aber nicht beweisbar ist[4]. Das Lügnerparadox ist eines der ältesten, aber immer noch aktuellen und ungelösten Paradoxien.

---

[4] Gödel lösste im Beweis auch das Problem, wie man in einer formalen Sprache die Ausdrücke „dieser Satz" und „beweisbar" wiedergibt. Er erfand die so genannte Gödelnummerierung, mit der man Sätze und Beweise der formalen Sprache in gewöhnliche Zahlen verwandelte. Hierbei wurden den Symbolen der Sprache, wie den im vorigen Kapitel erwähnten Symbolen „∀" und „∃", Nummern zugeordnet, die dann addiert und multipliziert wurden. So konnte er seine Sätze als lange Zahlen darstellen und mit ihnen „rechnen".

Ein störrischer Esel

Ein weiteres klassisches Paradox ist unter dem Namen „Buridans Esel" bekannt, nach dem französischen mittelalterlichen Philosophen Jean Buridan (1300-1358), einem Schüler Willhelm von Ockhams.

> *Ein Esel steht genau auf halbem Wege zwischen zwei gleich*
> *großen Heuhaufen. Da er sich nicht zwischen zwei gleich*
> *attraktiven Alternativen entscheiden kann, bleibt er stehen*
> *und verhungert schließlich.*

Das Paradox wurde schon bei Aristoteles erwähnt, der dafür statt eines Esels einen Hund beschrieb. Die Zuschreibung an Buridan erfolgte wahrscheinlich durch spätere Autoren, die dessen Entscheidungstheorie karikieren wollten. Jeder kennt wohl die Situation, zwischen zwei attraktiven und nicht eindeutig zu wertenden Alternativen zu wählen.

In der belletristischen Literatur wurde das Paradox übrigens schon öfter aufgegriffen; ein Werk (von Günter de Bruyn) trägt sogar den Namen „Burdians Esel".

Geht man von einer kausalen Entscheidungsfindung im Gehirn aus, so wäre eine solche Situation dann zu finden, wenn es keine stärkeren Gründe für die eine Alternative als für die andere gibt. Realistisch betrachtet, ist wohl der Entscheidungsprozess im Hirn nicht völlig kausal, vor allem nicht bei weit fortgeschrittenem Hunger. Oftmals wird man daher eine

Entscheidung treffen, wenn sie als „gut genug" akzeptiert wird, auch wenn sie nicht die bestmögliche ist.

Exkurs: „Buridans Esel" und die moderne Physik

Interessanterweise gibt es ein ähnliches Problem in der Physik, nämlich das der „Symmetrieverletzung". Es beruht auf der Einsicht, dass sich in einem völlig symmetrischen Universum gar keine Materie gebildet hätte, weil sich Materie und Antimaterie wieder in Strahlung aufgelöst hätten – es gäbe nicht das heute vorherrschende Übergewicht der Materie vor Antimaterie. Seit ihrer Postulierung 1928 durch Paul Dirac ist die Antimaterie längst kein Science-Fiction-Thema mehr, sondern fester Bestandteil moderner Physik und kann im Labor in kleinen Mengen experimentell hergestellt werden. Dirac hatte bei seiner Forschung zur Vereinigung der speziellen Relativitätstheorie und der Quantentheorie festgestellt, dass es zu jedem Teilchen ein Antiteilchen geben muss, das gleiche Masse, aber entgegengesetzte Quantenzahlen besitzt. Quantenzahlen sind für die inneren Eigenschaften der Teilchen, wie etwa Ladung, zuständig. Aus Antimaterie lassen sich die Gegenstücke zu gewöhnlicher Materie herstellen, es gibt also Antiwasserstoff, Antisauerstoff usw., die beim Zusammentreffen mit gewöhnlicher Materie in Energie zerstrahlen.

In der Physik gibt es das sog. *CPT-Theorem*, das besagt, zu jedem physikalischen Teilchen oder Vorgang gäbe es

- ■ einen Vorgang, bei dem aus Materie Antimaterie wird und andersherum (Ladungssymmetrie C),

■ einen Vorgang, bei dem die Orientierung im Raum vertauscht ist (entsprechend der rechts- und linksdrehenden Milchsäure, Parität P),

■ einen Vorgang, bei dem die Zeitachse umgekehrt ist (Zeitsymmetrie T).

Alle drei Symmetrien zusammen bleiben immer erfüllt, wie Wolfgang Pauli, Nobelpreisträger der Physik, theoretisch nachwies. Einzelne Symmetrien können aber verletzt werden.

Vor Mitte des letzten Jahrhunderts war man davon ausgegangen, dass alle physikalischen Gesetze – von der Mechanik des Makrokosmos bis zur Quantenmechanik des Mikrokosmos – symmetrisch seien. Es sollte beispielsweise beim Zerfall von Atomkernen egal sein, ob der Spin der Elementarteilchen (er entspricht dem Drehimpuls) sich umkehrt. Dass dies aber nicht immer gilt, bewies der Physiker Chien Shiung Wu von der Universität Columbia 1957 für den Zerfall von Kobalt 60. Wenig später fand man heraus, dass dies noch nicht alles ist: auch die Ladungssymmetrie C kann verletzt werden. Die Kombination von C und P, die CP-Symmetrie sollte aber universelle Gültigkeit haben. Doch auch diese Gewissheit währte nicht lange: 1964 wiesen die beiden amerikanischen Physiker James Cronin und Val Fitch in einem Aufsehen erregenden Experiment nach, dass neutrale K-Mesonen oder Kaonen, hin und wieder in zwei Pionen zerfallen. Dieser Zerfall ist ein indirekter Hinweis auf eine Verletzung der perfekten CP-Symmetrie.

Theoretisch war die CP-Verletzung ein großes Rätsel, bis der russische Physiker und Friedensnobelpreisträger Andrej Sacharow einige Jahre später zeigte, dass sie für das Übergewicht von Materie gegenüber Antimaterie kurz nach dem Urknall notwendig war. Auch das Standardmodell der Teilchenphysik, das allgemein akzeptierte Modell der Elementarkräfte, wurde erweitert, um die CP-Verletzung zu berücksichtigen.

1999 konnte am Fermilab in Chicago erstmals ein direkter Beweis der Symmetrieverletzung erbracht werden, und zwar bei den so genannten B-Mesonen, einer anderen Klasse von Elementarteilchen. Später wies man am europäischen CERN in Genf auch die Verletzung der Zeitsymmetrie (T) nach. Und kürzlich durchgeführte Versuche am *Stanford Linear Accelerator Center* (SLAC) in Kalifornien, USA, und dem KEK in Japan haben gezeigt, dass diese Symmetrieverletzungen tatsächlich wie vorhergesagt eintreten, jedoch nicht ausreichen, um das beobachtete Übergewicht von Materie über Antimaterie zu erklären.

Ob das Standardmodell zur Erklärung des Materie/Antimaterie-Ungleichgewichtes ausreicht, ist noch nicht geklärt. Ein Vorschlag für eine erweiterte Theorie ist die Supersymmetrie. Sie postuliert zu jedem Teilchen und Antiteilchen einen „Superpartner". Diese Superpartner sind sehr viel schwerer als die gewöhnlichen Teilchen, daher konnte man sie bisher experimentell nicht nachweisen. Man plant im *Large Hadron Collider*, einem Teilchenbeschleuniger, der voraussichtlich im Jahr 2007 am CERN in Betrieb gehen wird, solche Superteilchen und neue CP-Verletzungen zu entdecken.

Interessanterweise führt also eine Symmetrieverletzung zur Ausbildung von Materie und damit dem sichtbaren Universum. Ein vollständig symmetrisches Universum wäre dagegen vergleichsweise langweiliger: Es bestünde aus gleichförmiger, purer Energie. Auch in anderen Bereichen der Naturwissenschaft spielen Symmetriebrechungen eine Rolle, etwa bei der Embryonalentwicklung. Hier müssen sich in einem zuerst symmetrisch aufgebauten Embryo Anlagen für asymmetrisch aufgebaute Organe entwickeln; jede neue Zelle muss „wissen", auf welcher Seite der Körperachse sie eingesetzt und welche Aufgaben sie haben wird.

Das ursprüngliche Problem aber dürfte wohl weniger als ernst zu nehmendes Paradox denn vielmehr als sprichwörtlicher Ausdruck dienen.

II.

Paradoxie und Dilemma

Statistik und vernünftige Entscheidungen

Eine Mordsstatistik

Wo lebt es sich sicherer, in Richmond oder in New York? Das hängt auch davon ab, welche Hautfarbe man hat. Hier eine Tabelle, in der die Größe der Gesamtbevölkerung, die Zahl der Todesfälle und die Sterberate für Richmond und New York aufgeführt sind:

Bevölkerung	Weiß	Farbig	Gesamt
New York	4 675 174	91 709	4 766 883
Richmond	80 895	46 733	127 628

Todesfälle	Weiß	Farbig	Gesamt
New York	8 365	513	8 878
Richmond	131	155	286

Sterberate	Weiß	Farbig	Gesamt
New York	0,00179	0,00560	0,00186
Richmond	0,00162	0,00332	0,00224

(Székely 1990 via Prof. Timm Grams)

Betrachtet man nun die Sterberate in Richmond für Weiße, so ist sie niedriger als in New York. Dasselbe gilt für Farbige. Die Gesamtsterberate jedoch liegt in Richmond höher als in New York! Schockierend, und ein Anlass, auf den alten Spruch zurückzukommen: *Traue keiner Statistik, die du nicht selbst gefälscht hast.* Das Ergebnis ist, milde gesagt, konterintuitiv. Wenn man zwei Zahlen addiert, die größer sind als zwei andere Zahlen, sollte auch die Summe größer sein als die Summe der anderen Zahlen. Das ist auch richtig; es bleibt nur zu überlegen, worin in diesem Fall die Abweichung besteht.

Der Schlüssel zum Verständnis ist die Einsicht, dass auf jeden Weißen aus Richmond etwa 58 weiße New Yorker kommen, auf jeden Farbigen aus Richmond aber nur zwei farbige New Yorker. In der New Yorker Statistik stechen die weißen New Yorker die Farbigen aus.

Was die Weißen aus Richmond tun, ist für die Gesamtstatistik der Weißen unwesentlich. Das gleiche gilt aber nicht für Farbige; deren Einwohnerzahl ist in Richmond halb so groß wie in New York – ein zu beachtender Faktor.

Eine Sterberate von 0,008 für Farbige würde die Gesamtrate in New York nur um eine Tick auf 0,00191 steigern, während eine von 0,001 sie nur um einen Tick auf 0,00178 senken würde. Es gibt in New York zu wenige Farbige, um das Gesamtergebnis dort wesentlich zu ändern: die Gesamtrate ist im Wesentlichen die der Weißen. Das heißt auch, dass sie in Bezug auf Farbige in New York wenig Aussagekraft hat. In Richmond wäre das völlig anders: eine Sterberate von 0,008 für Farbige würde die Gesamtrate auf 0,00396 hochschrauben, während eine von 0,001 sie auf 0,0014 senken würde. Hier spielt die Rate der Farbigen in der Gesamtbevölkerung eine entscheidende Rolle.

Wie man sieht, spielen bei diesen Rechnungen die relativen Größenverhältnisse eine wichtige Rolle, und genau sie liefern auch die Lösung für das „Paradox". Wenn zwei Größen größer als zwei andere Größen sind, so gilt das auch für den

Durchschnitt. Hier wird aber gar nicht der normale Durchschnitt verwendet, sondern das so genannte „gewogene Mittel" aus den beiden Mittelwerten. Das gewogene Mittel ist nicht $^1/_2$ mal der erste plus $^1/_2$ mal der zweite Wert, sondern ein anderer Bruchteil, z.B. $^1/_{10}$ und $^9/_{10}$, eben die Gewichte.

Verwendet man den Anteil der Weißen an der Gesamtbevölkerung in New York, 0,981, und den der Farbigen, 0,019, als Gewichte, so ergibt sich

$$0,981 \times 0,00179 + 0,019 \times 0,00560 = 0,00186.$$

Ebenso erhält man für Richmond

$$0,634 \times 0,00162 + 0,366 \times 0,00332 = 0,00224$$

Die Gesamtsterberaten sind das gewichtete Mittel der Sterberaten einzelner Bevölkerungsgruppen. Das Verhältnis dreht sich um, weil der Anteil der Farbigen in New York so niedrig ist im Vergleich zu Richmond (1,9 % gegenüber 36,6 %). Das Hintereinanderschalten von zwei Raten erklärt die Verzerrungen.

Um den Effekt zu illustrieren, konstruieren wir zwei Städte, Atown und Bcity, in denen jeweils nur eine Bevölkerungsgruppe eine Rolle spielt. Atown hat 1 Million Weiße und 1000 Farbige, während Bcity 1 Million Farbige und 1000 Weiße hat.

Bevölkerung	Weiß	Farbig	Gesamt
Atown	1 000 000	1 000	1 001 000
Bcity	1 000	1 000 000	1 001 000

Jetzt tragen wir zuerst die Todesfälle der überwiegenden Bevölkerungsgruppe ein, und zwar so, dass die Gesamtzahl der
Todesfälle in Bcity höher als in Atown ist:

Todesfälle	Weiß	Farbig	Gesamt
Atown	2 000		2 000
Bcity		2 500	2 500

Sterberate	Weiß	Farbig	Gesamt
Atown	0,0020		0,0020
Bcity		0,0025	0,0025

Wie hoch oder niedrig sollten nun die Sterberaten der Min-
derheitengruppe sein? Die Antwort ist: Es ist für die Gesamtrate unwichtig. Beim gewichteten Mittel ist ein Beitrag mit
Gewicht 0,001 (1 000/1 001 000) praktisch wirkungslos. Um
das zu illustrieren, wählen wir unrealistisch hohe Sterberaten:

Todesfälle	Weiß	Farbig	Gesamt
Atown	2 000	**100**	2 100
Bcity	**1**	2 500	2 501

Sterberate	Weiß	Farbig	Gesamt
Atown	0,0020	**0,1000**	0,0021
Bcity	**0,0010**	0,0025	0,0025

Die Sterberate für Farbige in Atown ist riesig: 100 von 1000,
oder jede(r) Zehnte, während sie in Bcity für Weiße niedrig
ist, 0,001. Der Einfluss auf das Gesamtergebnis ist jedoch gering; Bcity bleibt „im Durchschnitt" sicherer als Atown.

Man sollte also immer aufpassen, ob man das einfache oder das gewichtete Mittel verwendet. Eine Aussage wie „durchschnittliche Lärmbelastung in bayerischen Städten" kann zwei Dinge bedeuten: das einfache Mittel, in dem eine 5000 Einwohner zählende Kleinstadt und München gleich gewichtet werden, oder das (z.B. nach Einwohnern) gewichtete Mittel.

Noch ein Beispiel dafür, wie sich durch Summieren ein falsches Bild ergibt. Angenommen, ein Touristenort von 10 000 Einwohnern hat im Durchschnitt 2 000 Gäste. Der Stadtrat bemerkt, dass viel falsch geparkt wird, und lässt eine Statistik über die Falschparker erstellen. Er erhält folgende Zahlen:

	Anzahl	Falschparker	Prozentsatz
Einheimische	10 000	260	2,6
Gäste	2 000	100	5

Hierauf wird ein Beschluss angeregt, die Beschilderung für ausländische Gäste zu verbessern. Nun wird von einem unbeschäftigten Beamten einmal die Statistik für je das Zentrum und die Außenbezirke gemacht. Er erhält ein anderes Bild:

Zentrum	Anzahl	Falschparker	Prozentsatz
Einheimische	1000	80	8
Gäste	1000	80	8

---

[5] Beispiel adaptiert nach Prof. Grams Website http://www.fh-fulda.de/~grams/dnkfln.htm. Wieder ergeben sich die Gesamtprozente als gewogene Summe der einzelnen Prozentsätze.

In der Außenbezirken erhält er[5]:

Außenbezirke	Anzahl	Falschparker	Prozentsatz
Einheimische	9000	180	2
Gäste	1000	20	2

Es sieht also so aus, als wäre der wahre Grund fürs Falschparken die Situation in der Innenstadt. Einen Fehler durch Weglassen einer entscheidenden Größe nennt man in der Statistik „Omitted Variable Bias" oder „Verzerrung durch weggelassene Parameter". Sie könnten jetzt einwenden, eine neue Aufteilung würde wieder neue Gründe an den Tag bringen. So könnte man beispielsweise die Statistik *Zentrum* unterteilen in „nahe Baustelle" und „keine nahe Baustelle", und würde dann die Nähe zu Baustellen als „wahren Grund" herausfinden. Eine Statistik kann also eine andere unplausibel machen, um dann selbst wieder unplausibel gemacht zu werden. Wieder könnte man sagen, Statistiken sind Fälschungen. In der Praxis einigt man sich auf bestimmte Statistiken, die über längere Zeit beibehalten werden, sodass ihre Ergebnisse aus verschiedenen Jahren oder Regionen vergleichbar sind. Eine Reform wird nur unternommen, wenn, wie hier, starke Gründe dafür sprechen. So wurde erst vor kurzem der Preisindex zur Berechnung der Inflation in einigen Industriestaaten auf ein neues System umgestellt, um sich schnell verbilligende oder verbessernde Geräte, wie Elektronik- und Computergeräte, besser zu berücksichtigen. Dann müssen zur Herstellung einer Vergleichbarkeit früher verwendete Indices „zurückgerechnet" werden.

L'addition, s'il vous plaît!

Dieser Satz bedeutet auf Französisch so viel wie „die Rechnung bitte". In diesem Abschnitt wollen wir jetzt, ähnlich wie im vorigen, Beispiele suchen, bei denen reines Addieren paradoxerweise nicht zum richtigen Ergebnis führt. Zuerst eines aus der Mittelstufe:

> *Ein Computer für 1000 € wird am Tag einer Sonderaktion um 30 % verbilligt. Am nächsten Tag wird er wieder um 30 % verteuert. Nun kostet er nur noch 910 €.*

Das ist kein Wunder, denn: 30 % vom ersten Preis sind 300 €, 30 % vom zweiten, niedrigeren Preis sind aber nur 210 €, sodass der Endpreis, 1000 € - 300 € + 210 €, niedriger ist. Gleich bliebe der Preis, wenn man im zweiten Schritt den Preis um ca. 42,9 % erhöhen würde.

> *Sie kaufen 100 Kilo Kartoffeln. Auf dem Schild steht: Wassergehalt 99 %. Nach der Winterlagerung stellen Sie fest, dass der Anteil auf 98 % gesunken ist. Das Gewicht der Kartoffeln liegt nun bei 50 Kilogramm.*

Abgesehen davon, dass Sie Chemiker sein müssen, um das herausfinden zu können: 99 % von 100 kg sind 99 kg Wasser; es bleiben also 1 kg Feststoffe. Nach der Trocknung sind das 2 % der Gesamtmasse; diese ist jetzt 50 kg. In diesem Beispiel ist nicht, wie meistens, der Grundwert der Prozentrechnung konstant, sondern der Prozentwert (Prozent Trockenmasse). Der Grundwert ändert sich nicht proportional mit dem Prozentsatz, da gilt: $G = P/p$, eine „umgekehrte Proportionalität" (P ist der – konstante – Prozentwert, p der Prozentsatz und G der Grundwert).

Berühmt ist auch das folgende „Pferdeparadox":

Ein Mongole liegt im Sterben und will seine elf Pferde vererben. Der Älteste soll die Hälfte der Pferde erben, der Mittlere ein Viertel und der Jüngste ein Sechstel. Der Schamane wird mit der Aufteilung beauftragt. Dieser besitzt selbst ein Pferd, das er zu den anderen stellt. Nun stehen da zwölf Pferde, von denen der älteste sechs, der zweite drei und der dritte zwei erhält. Übrig bleibt genau eines – das des Schamanen.

Der Schlüssel für diese Knobelaufgabe liegt in der Summe, die der Alte seinen Söhnen vererbt. $1/2 + 1/4 + 1/6 = 11/12$, also weniger als 1. So würde er, (wenn es keine Pferde wären), dem ältesten 5,5, dem zweiten 2,75 und dem dritten 1,833 Stück hinterlassen, zusammen 10,083, und 0,917 blieben unvererbt. Mit seinem Trick vererbt der Schamane diesen Rest auch:

	Sohn 1	Sohn 2	Sohn 3	Insgesamt
Ursprünglich	5,5	2,75	1,833	10,083
Schamane	6	3	2	11

Der älteste erhält 0,5 Pferde mehr (also ca. 55 % vom „Resterbe"), der zweite 0,25 (27 %) und der dritte 0,17 (18 %).

Ein Beispiel für statistische Ausdrücke, die leicht verwechselt werden.

Im Durchschnitt geht es den Bürgern besser, aber der mittlere Bürger verarmt.

Für dieses Beispiel muss man das Wort „mittlerer Bürger" erklären. Es ist der Bürger, für den die Hälfte, also 50 % der Bevölkerung ärmer und die andere Hälfte reicher als er selbst ist; in der Statistik wird dieser Wert *Median* genannt. Wie kann nun der mittlere Bürger verarmen, wenn der Durchschnitt reicher wird? Der Grund liegt darin, dass der Durchschnitt die Gesamtsumme geteilt durch die Gesamtanzahl ist.

Ein Beispiel. Zu einem Dorffest kommt zufällig Donald Trump, ein New Yorker Immobilienmagnat, zu Besuch. Wie ändert sich der Durchschnitt und der Median der Monatseinkünfte der Festbesucher? Angenommen, die bisherigen 500 Besucher verdienen je 2 000 Dollar im Monat, der Neuankömmling aber 2 Millionen. Dann ist das neue Gesamteinkommen 500 x 2 000 $ + 2 000 000 $ = 3 000 000 $. Teilt man dies durch 501, erhält man das neue Durchschnittseinkommen: 3 000 000 $: 501 ≈ 6 000 $, verglichen mit dem alten Durchschnitt von 2 000 Dollar. Wie sieht es nun mit dem Median, dem mittleren Festbesucher, aus? Der verdient immer noch 2 000 $, wie die Grafik verdeutlicht:

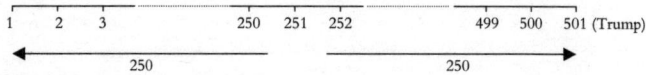

Besucher 251 ist der Median, der mittlere Besucher des Volksfestes.

Eine Verteilung in Untergruppen kann man z.B. durch eine Aufteilung in *Quintile*, also Anteile von 20 %, darstellen. Man teilt alle Haushalte dem Einkommen nach ein und ordnet sie dann. Die untersten 20 % sind das ärmste Quintil, von 20 % bis 40 % das zweitärmste usw. Man erhält dann folgende Einkommensgrafik:

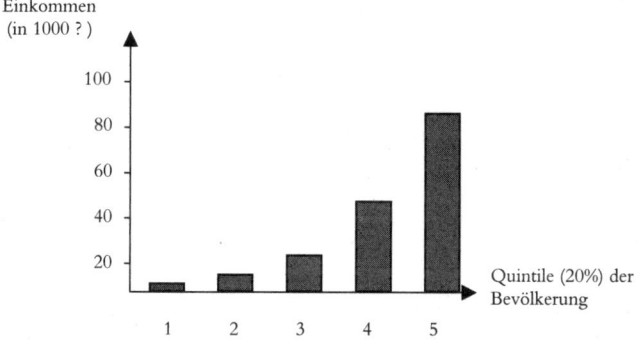

Quintile (20%) der Bevölkerung

Die Höhe der Balken steigt an – wie sehr, bestimmt das Maß an Ungleichheit in einer Gesellschaft. Ist die Grafik sehr „durchhängend", so ist die Verteilung sehr ungleich.

Die folgende verblüffende Rechenoperation geht zurück auf einen Test im Zusammenhang einer Studie an der Harvard-Medical-School (via Website von Prof. Grams):

Bei einer Krankheitsstudie wird ein Test angewandt, der in 95 % aller Fälle ein korrektes und in 5 % aller Fälle ein Fehlergebnis liefert. Die Krankheit selbst hat eine Häufigkeit von 0,1 % in der Bevölkerung. Wie groß ist die Wahrscheinlichkeit, bei einem positiven Test auch wirklich krank zu sein?

Da der Test 95 % Genauigkeit aufweist, nehmen viele an, bei einem positiven Testergebnis auch tatsächlich krank zu sein. Das ist aber nicht so, wie man sich anhand eines Zahlenbeispiels verdeutlichen kann. Nehmen wir eine Menge von 1000 Testpersonen. Von denen ist im Mittel eine(r) von der Krankheit betroffen (man nimmt an, diese(r) eine wird positiv getestet, d.h. der Test erkennt mit 100 % Genauigkeit wirklich Kranke). Dann bleiben noch 999 übrig, von denen 5 %, also ca. 50 Personen, fälschlich positiv getestet werden.

	Gesamtpersonen	Positiv Getestet
Gesund	999	50
Krank	1	1

Damit liegt die Chance, bei einem positiven Testergebnis auch tatsächlich krank zu sein, bei 1 : 51 oder unter 2 %.

Sieben Leben plus eins

Schließlich noch ein Effekt, der nicht vom Addieren, sondern von den Daten selbst herrührt. Ihn beschreibt die amerikanischen Kolumnistin Marilyn Vos Savant in dem nachfolgenden Bericht (übersetzt von *The Power of Logical Thinking*):

Mein eigenes Beispiel fehlgeleiteter Logik ist dokumentiert in einem Artikel aus dem wöchentlich erscheinenden Wissenschaftsteil der New York Times vom 22. August 1989. Darin hieß es, „Experten haben verblüffende Anhaltspunkte für die Überlebensfähigkeit von Katzen gefunden, diesmal in New York, wo Katzen in dieser Jahreszeit häufig aus den offenen Fenstern von Hochhäusern fallen. Wissenschaftler nennen es das feline Hochhaussyndrom. "

Weiter hieß es, „von 132 solchen Opfern, die in die Tierklinik aufgenommen wurden, überlebte die Mehrheit. Laut Experten ist dafür die Physik und die ‚Taktik der fliegenden Eichhörnchen' verantwortlich … der Flug reichte von 2 bis zu 32 Etagen … 17 Katzen wurden von ihren Besitzern, vor allem aus Kostengründen, eingeschläfert. Von den übrigen 115 starben 8 durch Schock oder Brustkorbverletzungen.

Noch erstaunlicher war, dass die Chance zu überleben umso größer war, je länger der Sturz dauerte. Nur eine der Katzen, die aus 7 oder mehr Stockwerken Höhe gefallen waren, starb, und es gab nur einen Knochenbruch unter den 13, die mehr als 9 Stockwerke gefallen waren. Die Katze, die aus dem 32. Stock fiel, Sabrina, hatte nur leichte Verletzungen an Lunge und Gebiss.

Warum hatten Katzen, die aus größeren Höhen gefallen waren, bessere Überlebenschancen? Zum einen liegt die Terminalgeschwindigkeit, die beim Menschen ca. 200 km/h beträgt, bei Katzen nur bei ca. 100 km/h. Man vermutete, Katzen würden, bevor sie diese Geschwindigkeit erreichen, ihre Extremitäten ausstrecken. Wenn sie die Terminalgeschwindigkeit erreicht hätten, würden sie wie die fliegenden Eichhörnchen ihren Luftwiderstand maximieren und dadurch den Aufprall abfedern…

Einige Zeit später schrieb eine Leserin: „Ich hatte zwei Katzen, die beide von der Balkonbrüstung fielen und beide dadurch starben. Im ersten Fall war es aus der zehnten Etage, die zweite Katze stürzte aus der vierzehnten ab. Ich habe diese Vorfälle, wie ich glaube viele andere, nie an das Veterinärinstitut gemeldet …bitte fügen sie meine Katzen der Statistik an." In diesem Augenblick schien der Fehler so offensichtlich, dass ich nicht mehr verstand, wie ich ihn vorher übersehen konnte… "

Dieser Fehler wird in der Statistik „sortierte Stichprobe" genannt. Wenn Sie die unerwünschten Daten aussortieren, zeigt ihre Stichprobe immer das gewünschte Ergebnis. In diesem Fall waren einfach alle nicht gemeldeten „Katzenabstürze" unberücksichtigt geblieben, und die „physikalischen" Erklärungsversuche erwiesen sich als ein ziemlich vergebliches Bemühen.

Schließlich noch ein Effekt, der unter dem Namen „Trugschluss des Spielers" (englisch „gambler's fallacy") bekannt ist. Hier nimmt ein Spieler an, häufig vorkommende Ereignisse in der Vergangenheit sollten in der Zukunft seltener vorkommen.

Stellen Sie sich vor, Sie sitzen am Roulettetisch und Ihnen ist aufgefallen, dass in den letzten zehn Würfen immer Schwarz gewann, nie Rot. Nach zehnmal Schwarz müsste nun Rot an der Reihe sein! Diese Argumentation ist jedoch falsch, da Ereignisse wie Roulette, Würfeln oder ähnliches statistisch „unabhängig" sind, vergangene Ereignisse also keinen Einfluss auf zukünftige haben (wenn kein Betrug im Spiel ist – ein Würfel, der auf Dauer häufiger Sechser als Einser zeigt, muss als „gezinkt" angesehen werden).

Ähnlich reagieren Anleger auf dem Aktienmarkt. Sie haben große Hemmungen, Aktien zu verkaufen, die stark an Wert verloren haben, weil sie davon ausgehen, dass deren Wert mit großer Wahrscheinlichkeit bald wieder steigen wird. Dabei haben Studien gezeigt, dass Titel, die stark an Wert verloren haben, nicht besser abschneiden als solche, die gut gelaufen sind. Die so genannte „Markteffizienzhypothese" besagt, dass alle bekannten Informationen in den Aktienpreis schon integriert sind, dass also der niedrige Aktienpreis gerechtfertigt ist. – Der „Trugschluss des Spielers" kann also im realen Leben durchaus für wirtschaftliche Schäden verantwortlich sein.

St. Petersburger
Spielleidenschaft

Nachdem wir schon die Attraktivität der Zahlen 1, 2, 4, 8, 16 usw. im Kapitel über die klassischen Paradoxien gesehen haben, kommt jetzt ein noch verrückteres Beispiel dafür, was man mit ihnen anstellen kann. In einer wenig beleuchteten Ecke von Las Vegas treffen Sie auf einen kleinen Stand mit der Aufschrift: *Wetten mit außerirdischen Gewinnchancen – nur 10 Dollar.* Der ältere Herr an der Theke zeigt Ihnen die Gewinne und die dazugehörigen Gewinnwahrscheinlichkeiten:

Gewinn ($)	Wahrscheinlichkeit (%)
2	1 : 2 (50 %)
4	1 : 4 (25 %)
8	1 : 8 (12,5 %)
16	1 : 16 (6,25 %)
32	1 : 32 (3,125 %)
…	…

Wie soll man den Wert so einer Wette bestimmen? Hierzu müssen wir den Begriff des Erwartungswertes betrachten.

Bei den meisten Menschen spielen Wetten oder Glücksspiel und damit verbundene Wahrscheinlichkeiten keine große

Rolle im Leben. Einkommen ist – bis auf das Rauf und Runter des Aktienmarktes – eine über längere Zeit konstante Größe, ebenso wie die Ausgaben des täglichen Lebens für Wohnung, Auto, Kleidung, Reisen usw. Es gibt aber einen nicht unbedeutenden Teil der täglichen Ausgaben, der sehr wohl mit Wahrscheinlichkeiten zu tun hat: Versicherungen. Nehmen wir die Autoversicherung. Natürlich kann der Einzelne die (durchschnittlichen) Wahrscheinlichkeiten für verschiedene „Fälle und Unfälle" nicht selbst berechnen. Aber nehmen wir einmal an, wir wüssten, dass ein Fahrer unseren „Typs" mit einer Wahrscheinlichkeit von 90 % dieses Jahr keinen Unfall baut, mit 5 % einen leichten Unfall (z.B. mit einer Schadenssumme von weniger als 1 000 €), mit 4 % einen größeren (Schadenssumme bis 5 000 €) und mit 1 % einen großen Crash (Schadenssumme 100 000 €).

Der Einzelne könnte sich jetzt entscheiden, keine Versicherung abzuschließen und die Kosten im Schadensfall jeweils aus seinem Vermögen zu bezahlen (in Deutschland sind ja für Kraftfahrzeuge Versicherungen Pflicht, in anderen, meistens weniger entwickelten Ländern ist dies aber anders – nehmen wir an, Sie wohnten in einem Land ohne Versicherungspflicht). Die meisten scheuen jedoch dieses Risiko, teils, weil sie von Natur aus risikofeindlich sind, teils, weil sie nicht genügend Vermögen besitzen, um für Präzedenzfälle gerüstet zu sein. Nehmen wir an, sie hätten gerade beschlossen, sich nach einigen Jahren ohne Versicherung doch abzusichern, und suchen eine Methode, die Prämie die Ihnen angeboten wird, mit den Kosten und Risiken abzuschätzen. Das Angebot der Versicherung liegt bei 1400 € pro Jahr für eine Vollkaskoversicherung.

Sie könnten jetzt so rechnen: In 90 % der Fälle, also $^{90}/_{100}$ passiert gar nichts. In 5 % der Fälle, $^{5}/_{100}$, haben sie einen Schaden von 1 000 €, im Mittel also $^{5}/_{100}$ x 1 000 € = 50 € pro Jahr. In 4 % der Fälle haben sie Kosten von 5 000 €, im Mittel also $^{4}/_{100}$ x 5 000 € = 200 €. Und in 1 % der Fälle haben sie einen Totalschaden mit Gesamtkosten von 100 000 €, im Mittel $^{1}/_{100}$ x 100 000 € = 1 000 €. Rechnen sie alle Möglichkeiten zusammen, so erhalten Sie 1 250 €. Dies ist der oben erwähnte Erwartungswert[6].

Die Police von 1400 € beinhaltet also einen Aufschlag von 150 € auf diesen Mittelwert. Dieser Aufschlag ist quasi Ihre „Risikoprämie", also das Geld, das sie bereit sind zu zahlen, um ihre Risiken zu verkleinern. Die Höhe einer solchen Prämie, die Sie bereit sind zu zahlen, zeigt, wie risikoscheu oder –tolerant sie sind.

Die oben aufgeführten Zahlen waren erfunden, aber Versicherer haben ausgeklügelte Formeln und Techniken, die Risiken für einzelne Bevölkerungsgruppen auszurechnen. So erklärt es sich beispielsweise, dass Fahrlehrer sehr günstige Autoversicherungspolicen bekommen: ihre Wahrscheinlichkeiten für Crashs sind sehr niedrig. Ebenso gibt es für Krankenversiche-

---

[6] Der Erwartungswert ist das Äquivalent des gewöhnlichen Mittelwertes: hat man mehrere Zahlen gegeben, z.B. 8, 3 und 4, so ist der Mittelwert ihre Summe geteilt durch ihre Anzahl, in diesem Beispiel also (8 + 3 + 4):3=5. Bei Wahrscheinlichkeiten sind die einzelnen Ergebnisse nicht gleich wahrscheinlich, sodass die Ergebnisse noch mit den Wahrscheinlichkeiten multipliziert werden müssen. Hat man zwei Ausgänge A = 8 € und B = 5 €, eine mit Wahrscheinlichkeit 3:10, die andere mit Wahrscheinlichkeit 7:10, so kann man sie aufspalten in 3 Ereignisse A und 7 Ereignisse B. Der gewöhnliche Mittelwert ist dann (8 + 8 + 8 + 5 + 5 + 5 + 5 + 5 + 5 + 5):10 = 59:10 oder 5,9. Das ist gleich dem Erwartungswert von 3:10 x 8 € + 7:10 x 5 €.

rungen spezielle Tarife für spezielle Bevölkerungsgruppen wie Ärzte, Beamte usw. Oft zeigt man auch durch ein bestimmtes Verhalten der Versicherung an, dass die eigenen Wahrscheinlichkeiten niedriger sind als die des Durchschnitts: Wenn sie 10 Jahre ohne Unfall fahren, gehören Sie offensichtlich zu einer besonders sicherheitsbewussten Fahrergruppe und erhalten einen Abschlag auf ihre Beiträge. Eine andere Möglichkeit ist es, die anfallenden Kosten möglichst niedrig zu halten. So gewähren viele Krankenversicherer günstige Tarife für Patienten, die erst zu einem günstigeren (Haus-)Arzt gehen, bevor sie sich an einen Spezialisten wenden.

Diese Methode, Wahrscheinlichkeit mal Geldbetrag, kann man auch auf Wetten mit positiven Ausgängen anwenden. Man nimmt dann einfach Wahrscheinlichkeit mal Betrag des Gewinns. Betrachten wir uns das noch an einem Beispiel: Wenn sie in einer Jahrmarktlotterie etwa mit 4 % Wahrscheinlichkeit Preise im Wert von 20 € und mit 1 % solche im Wert von 100 € gewinnen können, beträgt der mittlere Gewinn (Erwartungswert) 4 : 100 x 20 € + 1 : 100 x 100 € = 1,80 €.

Wenden wir diese Prinzip jetzt auf die „außerirdische" Wette von oben an. Mit Wahrscheinlichkeit 1 : 2 erhalten wir 2 Dollar, im Mittel 2 x $^1/_2$ \$ = 1 \$. Weiter mit 4 Dollar bei einer Wahrscheinlichkeit von 1 : 4, im Mittel $^1/_4$ x 4 \$ = 1 \$. Noch weiter, 8 \$ mit 1 : 8, 16 \$ mit 1 : 16, 32 \$ mit 1 : 32 Wahrscheinlichkeit und so weiter, wie die Punkte andeuten sollen. Jede dieser Ausgänge ergibt im Mittel 1 \$, so dass die Gesamtsumme 1 + 1 + 1 + 1 + 1 + … also beliebig groß wird! Da kann doch etwas nicht mit rechten Dingen zugehen. Schon der Preis von 10 Dollar erschien nicht niedrig: Mit 50 % Wahrscheinlichkeit erhalten sie nur 2 \$ zurück. Mit 87,5 %

Wahrscheinlichkeit (50 %+25 %+12.5 %) bekommen Sie weniger heraus, als Sie eingesetzt haben. Mehr als das Doppelte (32 $ oder mehr) bekommen Sie nur in 6,25 % aller Fälle. Das ist also das *St.-Petersburg-Paradox*: Eine Wette, für die ein Preis von 10 $ schon hoch erscheint, soll rechnerisch „unendlich" viel wert sein.

Die Lösung dieses Problems erdachte als erster Daniel Bernoulli, Baseler Professor und Mitglied einer illustren Mathematikerfamilie. Die Familie Bernoulli ist ein Fall, wie er gelegentlich vorkommt: eine Familientradition auf einem ganz bestimmten Gebiet, die Berühmtheiten und Bekanntheiten im Dutzend hervorbringt. Die Familie Bach beispielsweise hatte vor und nach Johann Sebastian noch viele bekannte und bedeutende Komponisten und Musiker. In Malerkreisen sind die Familien Breughel, Cranach und Tiepolo durch mehrere Mitglieder bekannt; in heutiger Zeit könnte man die Kennedys in den USA oder Indiens Gandhi-Familie als Beispiele von Traditionen sehen.

Die Bernoullis also waren Mathematiker, und da sie sehr kinderreich waren, häuften sich bei ihnen die Vornamen, sodass

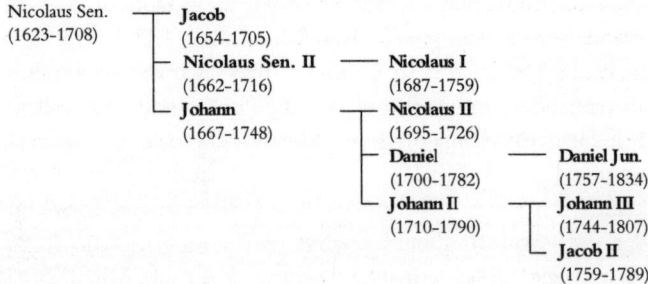

man am besten einen Stammbaum zur Hilfe nimmt (die fett gedruckten sind Mathematiker; Kinder mit anderen Berufen wurden ausgelassen – Nicolaus Sen. hatte 12 Kinder, von denen zwei Mathematiker waren):

Ein Bernoulli, nämlich Nicolaus II, erfand 1713 diese Wette. Er formulierte sie etwas anders: Man wirft eine Münze. Wenn Zahl erscheint, so erhält man 2 Franken (Wahrscheinlichkeit 1 : 2). Wenn Kopf erscheint, wirft man erneut; wenn diesmal Zahl erscheint, erhält man 4 Franken (Wahrscheinlichkeit 1 : 2 für das erste „Kopf" und 1 : 2 für das zweite „Zahl", also 1 : 4)[7]. Wenn wieder Kopf erscheint, folgt ein weiterer Wurf usw. Die Wahrscheinlichkeiten für jeden Gewinn sind identisch mit denen der „außerirdischen" Wette (bis auf die Währung).

Dieses scheinbar paradoxe Problem schickte er dann an seinen Bruder, Daniel Bernoulli, und einen Freund, Gabriel Cramer (1704-1752), ebenfalls Professor der Mathematik. Dieser Cramer fand eine sehr einleuchtende Lösung des Dilemmas, dass nämlich auf der Welt nur endlich viel Geld zur Verfügung steht. Hierzu stellte er die eigentlich nahe liegende Frage: Wie groß muss das Guthaben der „außerirdischen" Firma sein, die den Stand betreibt? Wie viele Franken müsste der Anbieter von Bernoullis Wette haben? Unendlich viel. Cramer meinte nun, da nur endlich viel Geld auf der Welt zur Verfügung stehe, solle man darüber hinaus gehende Beträge „abschneiden", also

---

[7] Wahrscheinlichkeiten, die nacheinander eintreten und „unabhängig" sind, sich also nicht beeinflussen, werden malgenommen. Wollen sie etwa die Wahrscheinlichkeit für einen Bayern-Sieg (70%, 7:10) bei schönem Wetter (30%, 3:10) berechnen, ergibt sich 7:10 x 3:10=21:100 oder 21%.

alle Gewinne, die größer als das Maximum sind, gleich diesem Maximum erklären. Nimmt man an, es gäbe im Jahr 1720 auf der Welt 100 Millionen Goldfranken, so wären alle Gewinne, die größer als diese Zahl sind, auf sie zurückzustufen. Für einen Gewinn von über 2 Milliarden bei 30-mal Kopf in Folge würde man dann nur noch den Maximalgewinn von 100 Millionen erhalten. Das löst das Paradox, denn wenn man nun den Wert dieser Wette berechnet, erhält man ca. 28 Franken.

Nun hat man kein Paradox mehr – nur das leichte Unwohlsein in Bezug darauf, ob der Wettpartner wohl über 100 Millionen Franken verfügt. Wie sähen die Werte der Wette für andere Obergrenzen aus? Hätte der Gegenüber 1 Million zur Verfügung, so läge der Wert bei ca. 21 Franken, bei 100 000 wären es 18 Franken. Das klingt schon besser; die meisten Menschen würden jedoch für eine solche Wette weniger als 10 Franken zahlen, viele nicht mehr als 5. Diese Diskrepanz bleibt bei der Lösung mit Cramers Obergrenze bestehen.

Daniel Bernoulli fand eine weitere mögliche Lösung des Paradoxes, die genau auf dieser Diskrepanz beruht. Er postulierte, der erste Dollar (oder Franken) habe für einen Menschen mehr *Nutzen* als der zweite, dritte usw. Für einen Arbeitslosen ist etwa der Verlust von 10 Dollar eine gewisse Größe, während für einen Multimillionär die Veränderung nicht zu spüren wäre. In den Wirtschaftswissenschaften ist diese Vorstellung unter der Bezeichnung (Grenz-)Nutzen des Geldes bekannt. Er nimmt bei steigendem Wohlstand ab.

Daniel Bernoulli schlug vor, eine Nutzenfunktion für Geld einzuführen, und wählte eine Funktion, die Ihnen vielleicht noch aus der Oberstufe des Gymnasiums bekannt ist: den Logarithmus. Der Logarithmus von 10 ist 1, der von 100 gleich 2; der von 1000 gleich 3 und der von 1499 gleich 3,176, einer Zahl zwischen 3 und 4. Der Logarithmus beschreibt also die Größenordung einer Zahl (Zehner, Hunderter, Tausender…)[8]. Verwendet man nun die Formel Nutzen(Geld) = Logarithmus(Geld), so erhält man eine neue Nutzentabelle:

Nutzen	Wahrscheinlichkeit (%)
0,30103	1 : 2 (50 %)
0,60206	1 : 4 (25 %)
0,90309	1 : 8 (12,5 %)
1,20412	1 : 16 (6,25 %)
1,50515	1 : 32 (3,125 %)
…	…

Wie man sieht, steigt der Nutzen viel langsamer als die Dollarbeträge, und es ergibt sich auch kein unendlicher Erwartungswert, sondern ca. 0,60. Dieser Nutzen entspricht einem Geldwert von 4 Dollar. So führte das Paradox zu einer neuen Theorie, dem Grenznutzen. Die Lösung veröffentlichte Daniel Bernoulli in einem Artikel in den *Kommentaren der Kaiserlichen Akademie zu St. Petersburg* – daher der Name St.-Petersburg-Paradox.

---

[8] Es gibt einen Logarithmus zu jeder natürlichen Zahl (Basis). Hier wurde der zu 10 gewählt, also Nutzen(x\$)= $\log_{10}(x)$. Andere übliche Basen sind 2 und e (die Eulersche Zahl, ca. 2,71). Welchen Logarithmus man wählt, ist nicht sehr wichtig, da sich die verschiedenen Logarithmen nur um einen Faktor unterscheiden.

Die Idee des logarithmischen Nutzens einer Geldsumme fiel in einen Dornröschenschlaf, von dem es erst im 20. Jahrhundert, in den Jahren von 1940 bis 1944, von den Mathematikern und Ökonomen John von Neumann und Oskar Morgenstern wieder entdeckt wurde. In ihrem voluminösen Werk „Theory of Games and Economic Behavior" (Spieltheorie und wirtschaftliches Verhalten), zeigten sie, dass „Präferenzen" von wirtschaftlichen Akteuren mit bestimmten Eigenschaften sich immer auf eine Nutzenfunktion reduzieren lassen, die der von Bernoulli ähnelt. Diese Theorie des Verhaltens von Nutzen und Risiko war lange Zeit vorherrschend in wirtschaftswissenschaftlichen Fragestellungen und Theorien[9].

Wie schaut es nun mit der „außerirdischen" Lotteriebude in Las Vegas aus? Wenn der Budenbesitzer die Lose für 10 Dollar verkauft und einen Gewinn machen will, sollte der Wert der Wette unter diesem Preis liegen. Legen wir die Cramersche Lösung zugrunde (und ignorieren die Nutzentheorie) ist es am plausibelsten anzunehmen, der Besitzer habe eine Obergrenze für Auszahlungen, und die Punkte „…", die in die Unendlichkeit weisen, sind nicht wörtlich zu nehmen. Wahrscheinlich wird er nicht mehr als irdische 250 Dollar auszahlen.

---

[9] Die Theorie ist nicht unumstritten: Die behaupteten Nutzeneinheiten lassen sich nicht messen, daher ist ihre Existenz umstritten. Die Wertschätzung von Geldbeträgen kann nur in empirischen, psychologischen Tests überprüft werden.

Einen Bock schießen

Das nächste Beispiel ist so unintuitiv, dass es viele Menschen verärgert hat. In Zeitungen, die es veröffentlicht haben, hat es zu Stürmen der Entrüstung, säckeweise Leserbriefen und Fluten von „Gegenbeweisen" geführt. Es ist also genau das richtige, um Knobel- oder Mathe-Interessierte in eine lebhafte Diskussion zu bringen.

Die Situation ist die:

> *In einer Spielshow stehen Sie als Kandidat vor drei verschlossenen Türen. Hinter einer befindet sich ein neuer Wagen, hinter den anderen beiden eine Ziege. Zuerst wählen Sie eine der Türen. Daraufhin öffnet der Showmaster eine der beiden anderen Türen, hinter der sich eine Ziege befindet. Sie haben nun die Möglichkeit, zu wechseln oder bei Ihrer ursprünglichen Wahl zu bleiben. Sollen Sie nun wechseln oder bei Ihrer Tür bleiben?*

Die Antwort der meisten Menschen ist: Egal, denn hinter beiden Türen befindet sich der Wagen mit der gleichen Wahrscheinlichkeit, 1 : 2. Und dies ist, überraschenderweise, falsch: Hinter Ihrer Tür befindet er sich nur mit der Wahrscheinlichkeit 1 : 3, hinter der anderen mit der Wahrscheinlichkeit 2 : 3. Selbst der berühmte Zahlentheoretiker Paul Erdös konnte die Lösung nicht glauben, bis er in einer Computersimulation gezeigt bekam, dass die Wahrscheinlichkeiten etwa ein Drittel zu zwei Drittel verteilt waren.

Die Lösung kann man sich auf folgendem Weg klar machen: Angenommen, Ihre Tür ist Tür 1. Die anfängliche Wahrscheinlichkeit für jede Tür ist 1 : 3. Die Wahrscheinlichkeit, dass Sie anfangs richtig lagen, ist also 1 : 3, die, dass Sie falsch lagen, also eine Ziege gewählt haben, 2 : 3. Wenn Sie anfangs falsch lagen und wechseln, gewinnen Sie beim Wechseln immer – mit Wahrscheinlichkeit 2 : 3.

Hier noch weitere Argumente, um sich das Ergebnis klar zu machen:

- Wenn man sich mit Programmierung etwas auskennt, kann man relativ einfach ein Programm schreiben, das die Show zum Beispiel 1000-mal simuliert, wobei die Gewinne jeweils bei „Wechseln" und „Beibehalten" gezählt werden. Es ergibt sich dann eine Zahl, die nahe an der errechneten von 1 : 3 liegt (da der Gewinn anfangs per Zufall verteilt wurde, wird die Zahl nicht genau beim Wert 333 bzw. 667 bei tausend Versuchen liegen).

- Eine andere Möglichkeit ist es, die Zahl der Türen auf mehr als drei zu erhöhen, etwa auf 10. Dann öffnet der Showmaster alle außer einer Tür von denen, die Sie nicht gewählt haben, und lässt Ihnen jetzt die Wahl, zu wechseln oder nicht. Die Wahrscheinlichkeiten liegen hier bei 1 : 10 für Ihre Tür und 9 : 10 bei der Tür, die übrig gebliebenen ist von denen, die Sie nicht gewählt hatten.

■   Die Aktion des Showmasters reduziert zwei Türen,
    nämlich die, die Sie nicht gewählt haben, auf eine.
    Diese hat dann eine Wahrscheinlichkeit von 2 : 3.
    Stellen Sie sich vor, der Showmaster hätte eine wei-
    tere Tür vor die beiden anderen Türen gestellt. Sie
    wählen dann ihre eigene oder die neue Tür (hinter
    der sich eine offene und eine geschlossene Tür befin-
    det, die Sie wieder öffnen müssen).

Bei vielfacher Ausführung, etwa am Computer, wird der
Wahrscheinlichkeitscharakter deutlicher: Hat man etwa 1000
Wahrscheinlichkeitschips, so liegen hinter jeder Tür 333 $^1/_3$.
Öffnet der Showmaster eine Tür, „befördert" er diese Chips
hinter die zweite, noch geschlossene Tür. Dies ist allerdings
nur eine Illustration des Geschehens.

Zwei Beispiele, um Sie, falls Sie es noch nicht sind, völlig zu
verwirren. Die Show, die zu diesem Rätsel Anlass gab, war die
Monty Hall Show im US-amerikanischen Fernsehen. Die ei-
gentliche Show hatte jedoch etwas andere Regeln: Es gab
zwei Kandidaten. Der Showmaster, Monty Hall, ließ zunächst
einen Kandidaten wählen, hinter dessen Tür sich eine Ziege
befand, und forderte ihn auf, seinen Platz zu verlassen. Dem
anderen Kandidaten wurde dann angeboten, die Tür zu wechseln oder bei seiner zu bleiben.
Wie sieht es hier aus? Hinter jeder Tür liegt mit Wahrscheinlichkeit 1 : 3 der Wagen. Nun gibt es folgende Möglichkeiten:

1. Der Wagen steht hinter Ihrer Tür (Tür 1). Der andere
    Spieler wird aufgefordert, seinen Platz zu verlassen.

2. Der Wagen steht hinter der Tür des anderen Kandidaten (Tür 2). Sie werden aufgefordert, Ihren Platz zu räumen.
3. Der Wagen steht hinter Tür 3. Der Moderator kann sich nun entscheiden, welchen von Ihnen er auffordert, zu gehen.

Ihre Gesamtchancen, vom Platz geschickt zu werden, sind 1 : 3 (Möglichkeit 2) plus die Hälfte der Chancen für Möglichkeit 3, also $^1/_2$ x $1/3$ = $^1/_6$, zusammen $^1/_3 + ^1/_6$ = $^1/_2$. Wenn Sie die Runde „überlebt" haben, liegen sie entweder in Möglichkeit 1 (Wahrscheinlichkeit 1 : 3) oder Möglichkeit 3 (Wahrscheinlichkeit 1 : 6). Im ersten Fall sollten Sie bei Ihrer Wahl bleiben, im zweiten Fall wechseln.

Wagen hinter	Wahrscheinlichkeit	Platz verlassen (Wahrsch.)	Gesamte Wahrscheinlichkeit
Tür 1	$^1/_3$	Kandidat 2 (1)	$^1/_3$
Tür 2	$^1/_3$	Sie (1)	$^1/_3$
Tür 3	$^1/_3$	Kandidat 2 (½)	$^1/_6$
		Sie (½)	$^1/_6$

Wenn Sie also „überlebt" haben, ist es daher besser, bei Ihrer Wahl zu bleiben, da deren Wahrscheinlichkeit doppelt so groß ist, das Auto zu enthalten (bei den unterlegten Feldern sind sie bereits aus dem Spiel).

Zurück zum ursprünglichen Monty Hall Paradox. Der Wechsel vom 3-Türen-Spiel zum 10-Türen-Spiel ist nicht unproblematisch, denn durch anscheinend kleine Veränderungen der

Regeln können sich die Wahrscheinlichkeiten und optimalen
Strategien in einem solchen Spiel drastisch verändern. Dies
wurde von M. Bhaskara Rao von der Fakultät für Statistik der
North Dakota University untersucht und erschien in einer
amerikanischen Zeitschrift für Statistik. In seiner Variante gibt
es nun mehr als drei Türen und mehr als einmal im Spiel die
Möglichkeit zu wechseln. Im Unterschied zum 10-Türen-
Beispiel von oben werden hier die Türen eine nach der anderen geöffnet, wonach der Kandidat jedes Mal die Möglichkeit
zu wechseln hat.

Nehmen wir das Beispiel für 4 Türen. Der Showmaster lässt
Sie also eine Tür wählen und öffnet danach noch eine weitere.
Daraufhin können Sie wechseln oder bei Ihrer Wahl bleiben.
Eine zweite Tür wird geöffnet, und Sie können wieder wech-
seln oder bei Ihrer Wahl bleiben.
Hier sind Ihre Gewinnchancen für jede der Strategien:

Entscheidung 1	Entscheidung 2	Entscheidung 3	Gewinnchance
Anfangswahl	Bleiben	Bleiben	0,250
		Wechseln	0,750
	Wechseln	Bleiben	0,375
		Wechseln	0,625

Nach den Begründungen oben sollte man meinen, Wechseln
wäre immer das beste, also Wechseln-Wechseln die beste Strategie. Es stellt sich aber heraus, dass es optimal ist, bei seiner
Wahl bis zur letzten Entscheidung zu bleiben und dann zu
wechseln. Wieder ein statistisches Ergebnis, das man nur
schwer hätte erraten können.

Geschätzte
Fußballmannschaft

Hier noch eine Paradoxie der Sorte „überraschend, aber wahr". Zu Ihrem Geburtstag laden Sie Ihre Fußball-mannschaft sowie die, gegen die Sie jeden Samstag im Park spielen, und zusätzlich Onkel Albert, den Schiedsrichter, also 23 Personen, ins Café ein. Tony, der brillentragende Torwart, kommt mit einem Rätsel:

> *Wie hoch ist die Wahrscheinlichkeit, dass zwei Personen die-ser Kaffeegesellschaft am gleichen Tag Geburtstag haben?*

Schätzungen laufen von 1 : 100 bis 1 : 10, häufig auch 23 : 365, ca. 0,06. Schließlich das überraschende Ergebnis: 1 : 2!

Am besten fängt man nun mit einem Trick an, der sich häufig als praktisch in der Wahrscheinlichkeitsrechnung erweist: Man berechnet nicht die Wahrscheinlichkeit des Ereignisses selbst, sondern die des „Gegenereignisses", also dafür, dass das Ereig-nis *nicht* eintritt. Die Wahrscheinlichkeit für das ursprüngliche Ereignis ist dann der „Rest", oder 1 minus diese Wahrschein-lichkeit. Wenn etwa die Wahrscheinlichkeit für Regen an ei-nem Apriltag gleich 0,3 ist, so ist die Wahrscheinlichkeit des Gegenereignisses, kein Regen an einem Apriltag, gleich 1 – 0,3 = 0,7.

Nun wollen wir das Gegenereignis, dass nicht zwei der Fußballer am gleichen Tag Geburtstag haben, berechnen. Wählt man ein beliebiges Paar der Gruppe aus – Klaus und Peter – so hat Peter 364 mögliche Tage, an einem anderen Tag als Klaus Geburtstag zu haben. Seine Chancen sind also 364 : 365, nicht am selben Tag wie Klaus Geburtstag zu haben. Der nächste Spieler (Frank) hat 363 Möglichkeiten, einen anderen Geburtstag als Klaus und Peter zu haben.

Spieler Nr.	1 (Klaus)	2 (Peter)	3 (Frank)	…	N
Geburtstage noch frei	365	364	363	…	365-N+1
Anteil aller Geburtstage	1	364 : 365	363 : 365	…	365-N+1 : 365

Nun kann man Wahrscheinlichkeiten von Ereignissen berechnen, die sich aus mehreren „Teilereignissen" zusammensetzen, indem man die einzelnen Wahrscheinlichkeiten multipliziert. Die einzige Voraussetzung ist, dass die Einzelereignisse „unabhängig" sind, sich also nicht gegenseitig beeinflussen. Das kann man bei Geburtstagen einer Gruppe von Fußballern annehmen.

Die Gesamtwahrscheinlichkeit für $N = 23$ unterschiedliche Geburtstage ist also[10]:

$$^{364}/_{365} \times {}^{363}/_{365} \times \ldots \times {}^{343}/_{365} = 0{,}493,$$

---

[10] Der Ausdruck ist gleich $365!/365^n (365\text{-}N)!$, Wobei k! als k Fakultät bezeichnet wird und definiert ist als k! = 1 x 2 x 3 x … x k.

und die Wahrscheinlichkeit für mindestens einen gleichen Geburtstag, also die Wahrscheinlichkeit des Gegenereignisses, ist 1-0,493 = 0,507. Berechnet man so auch die Wahrscheinlichkeiten für mindestens einen gleichen Geburtstag bei anderen Teilnehmerzahlen, so erhält man:

Teilnehmer	Wahrscheinlichkeit
10	12 %
20	41 %
30	70 %
50	97 %
100	99,99996 %
200	99,9…98 % (27 9er)
≥ 366	100 %

Eine interessante Anwendung dieser Rechnung ist das „Lincoln-Kennedy-Mysterium", eine Mischung aus Fakt und Fiktion über die amerikanischen Präsidenten Abraham Lincoln und John F. Kennedy. Viele wahre und vermeintliche Übereinstimmungen in ihrer Biographien wurden gefunden sowie einige Ereignisse, die jeweils 100 Jahre auseinander lagen, bis hin zu Ähnlichkeiten in den Attentaten, denen sie zum Opfer fielen.

Bedenkt man, dass es über 40 Präsidenten gab, die auch noch genau im Abstand von 4 Jahren gewählt wurden, so zeigt das Geburtstagspuzzle, dass es sehr wahrscheinlich ist, zwei Präsidenten mit ähnlicher Biographie zu finden. In den USA wurde 1992 von der Zeitschrift *Skeptical Inquirer* der „Spooky Presidential Coincidences Contest" („Gruseliger Präsidenten-Ähnlichkeits-Wettbewerb") durchgeführt. Einer der Gewinner fand eine Serie von 16 Gemeinsamkeiten zwischen Kennedy und dem ehemaligen mexikanischen Präsidenten Álvaro Obregón, während andere ein Liste von Gemeinsamkeiten von 21 der (damals) 40 Präsidenten fanden. Für amerikanische Präsidenten ist die Annahme, ihre Lebensläufe seien „statistisch unabhängig", also ebenso zufällig wie die eines beliebigen Bürgers auch, zweifelhaft; Lebensläufe von Politikern weisen oft große Gemeinsamkeiten auf.

Noch eine Anmerkung zum Geburtstagsproblem: Wie oben zu sehen, erhielt man für 23 Personen die Wahrscheinlichkeit 1 : 2 dafür, dass zwei am gleichen Tag Geburtstag haben. Wie viele Personen bräuchte man dagegen, um mit Wahrscheinlichkeit 1 : 2 mindestens einen anderen Fußballer an einem bestimmten Tag (Alberts Geburtstag, der 5. Februar) zu finden?

Die Antwort ist 253. Auch hier würde man eher 365 : 2 = 183 schätzen. Von diesen haben aber wieder einige am gleichen Tag Geburtstag, sodass sie nicht ein halbes Jahr „abdecken". Jeder Spieler hat eine Wahrscheinlichkeit von 364 : 365 oder 0,997, nicht den gleichen Geburtstag wie Albert zu haben (ob sie untereinander den gleichen Geburtstag haben, spielt hier keine Rolle). Daher ist für N Spieler diese Wahrscheinlichkeit gleich

$$^{364}/_{365} \text{ x } ^{364}/_{365} \text{ x } \dots \text{ x } ^{364}/_{365} \text{ (N mal)} = (^{364}/_{365})^N.$$

Setzt man nun $^{364}/_{365} {}^{\wedge}N = 0{,}5$ und berechnet N, so ergibt sich 252,7 oder gerundet 253. Auch diese Zahl wird größer, je mehr Personen man berücksichtigt, aber sie wächst viel langsamer als die vorherige. Selbst bei tausend Mitgliedern hat immer noch mit über 6 % Wahrscheinlichkeit keiner denselben Geburtstag wie Albert.

Mikado

Wie kann man Punkte zufällig auf einer Ebene verteilen? Hierzu eine kleine Aufgabe, bekannt unter dem Namen *Bertrand Paradox* (nach Joseph Bertrand (1822–1900), einem französischen Mathematiker). Die Aufgabe ist die folgende: Man beginnt mit einem Kreis und einem einbeschriebenen gleichseitigen Dreieck. Wenn man eine beliebige Sehne (eine Strecke, die den Kreis schneidet) durch den Kreis zieht – wie hoch ist die Wahrscheinlichkeit, dass sie länger ist als die Seite des Dreiecks?

Hier drei Rechnungsmöglichkeiten:

Methode 1	Methode 2	Methode 3

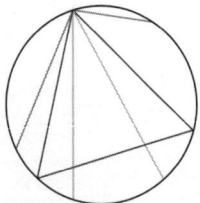 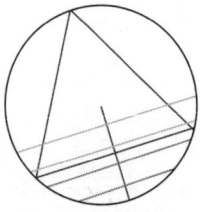 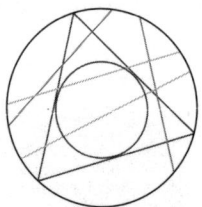

Man fixiert ein Ende der Sehne und wählt das andere zufällig. Nun betrachtet man das Dreieck mit einer Ecke im Punkt. Da

Man zeichnet einen Radius, der senkrecht auf der Sehne steht und zeichnet das Dreieck, dessen eine Seite ebenfalls senkrecht zum Radius

Man zeichnet in das Dreieck einen Kreis, der genau die Seiten berührt (Inkreis). Er hat den Radius $^1/_2$. Sehnen, die länger als die Dreiecksseite

Fortsetzung Methode 1

das Dreieck die Kreislinie in drei gleich große Teile teilt, ist die Wahrscheinlichkeit, eine längere Sehne zu wählen 1 : 3.

Fortsetzung Methode 2

liegt. Die Linie ist dann größer als die Dreiecksseite, wenn man näher beim Mittelpunkt auf dem Radius liegt, also mit Wahrscheinlichkeit 1 : 2.

Fortsetzung Methode 3

sind, haben den Mittelpunkt im Kreis. Dafür ist die Wahrscheinlichkeit gleich der Inkreisfläche durch die Gesamtfläche, oder $\pi(r/2)^2 : \pi\, r^2 = {}^1\!/_4$.

Welche Rechnung ist nun „die richtige"? Die wirklich paradoxe Antwort ist: „alle". Jede der Rechnungen beruht nämlich auf einem anderen Verfahren der Punkteverteilung. Die erste legt zuerst einen Punkt A durch Zufall fest, daraufhin den Punkt B. Die zweite legt erst die Richtung fest (durch den Radius), dann den Abstand von der Mitte. Die dritte schließlich legt den Mittelpunkt zufällig in der Kreisfläche fest. Am besten sieht man die Unterschiede in einer Simulation der Mittelpunkte der zufällig gewählten Sehnen:

Methode 1

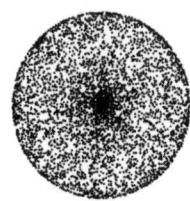

Methode 2

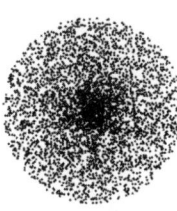

Methode 3

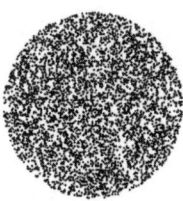

Es kommt also auf die Wahrscheinlichkeitsverteilung an. Das zeigt auch das Beispiel aus dem Kapitel „Briefwahl" (S. 83).

Mit Roulette Geld verdienen

Ein anderes Problem mit einer verblüffenden Lösung ist die „100-prozentige" Methode, beim Roulette zu gewinnen[11]. Das Rezept ist einfach: Sie setzen einen kleinen Betrag auf Rot. Jedes Mal, wenn Sie verlieren, verdoppeln Sie den Betrag. Wenn Sie beispielsweise bei den Beträgen 1, 2, 4 und 8 verloren haben, aber bei 16 gewinnen, gewinnen sie per Saldo $16-(1+2+4+8) = 16-15 = 1$. Sie können nicht verlieren! Natürlich gewinnen Sie recht wenig, jedes Mal nur einen Euro. Eine solche Strategie wird *Martingal* genannt, und es gibt auch ein mathematisches Modell dieses Namens. Wo liegt aber hier der Haken?

Hier wurde implizit angenommen, Ihre Taschen seien unerschöpflich. Wenn Sie nämlich nur einen bestimmten Betrag zur Verfügung haben, sagen wir 800 Euro, so steuern Sie so lange auf einen Gewinn zu, bis sie einmal nicht mehr verdoppeln können. Das wäre bei 512 Euro der Fall, wenn Sie also neunmal verloren haben. Dann sind Ihre 512 Euro unwiederbringlich verloren. Sie bräuchten, um sicher gewinnen zu können, ein Konto mit unbegrenzter Deckung.

Berechnet man wieder den Erwartungswert (den Durchschnittswert, wenn Sie mehrmals spielen), so heben sich der

---

[11] Im echten Roulette gibt es 36 Felder mit Zahlen und Farben, sowie die Null, bei der die Bank gewinnt. Von diesem Feld und der Tatsache, dass es Wettobergrenzen gibt, soll hier abgesehen werden.

Effekt des einmaligen, sehr unwahrscheinlichen Verlustes und der vielen kleinen Gewinne auf: er geht gegen null. Angenommen, Sie hätten $1024 = 2^{10}$ Euro zur Verfügung (eine Potenz von 2, damit man beim Verdoppeln auf einen runden Wert kommt), und Sie spielen so oft, bis Sie einen Euro gewonnen haben – oder alle losgeworden sind. Sie gewinnen, wenn Sie im ersten bis zehnten Wurf mindestens einmal gewonnen haben. Wenn Sie zehnmal hintereinander verlieren, haben Sie das ganze Kapital verloren. Die Wahrscheinlichkeit für den Totalverlust ist $^1/_2$ x $^1/_2$ x ... x $^1/_2$ (10 mal), also $^1/_{1024}$. Da sie sonst immer gewinnen, ist die Gewinnwahrscheinlichkeit $1023/1024$. Wie hoch ist der Erwartungswert?

$$E = {}^{1023}/_{1024} \text{ x } 1 + {}^1/_{1024} \text{ x } (-1024) = -{}^1/_{1024}$$

Wenn Sie also mit endlichen Beträgen spielen, haben sie einen leicht negativen Erwartungswert, der gegen Null geht, je mehr Grundkapital Sie haben.

Man könnte meinen, die Spielbanken hätten dafür Sorge getragen, dass es keine Spiele gibt, bei denen der Spieler auf Dauer gegen die Bank gewinnen kann. Um so erstaunlicher ist es, dass es solche Vorfälle gegeben hat.

Die meisten Spiele im Casino sind reine Glücksspiele: in den Spielautomaten entscheidet ein Zufallsgenerator den Ausgang. Bei Kartenspielen ist es die Verteilung der Karten, die zufällig ist; Casinos tauschen alle paar Spiele die Karten aus und verwenden Mischapparate, um Betrug unmöglich zu machen, und Roulette-Tische werden regelmäßig auf ihre Korrektheit geprüft.

Bei Kartenspielen kann man die Chancen berechnen, bestimmte Karten zu erhalten, wenn andere bereits gespielt wurden. Mitte der fünfziger Jahre berechnete der Mathematiker Edward Thorpe die Chancen, bei Blackjack zu gewinnen, wenn bestimmte Karten schon gespielt waren. Er fand heraus, dass

> **Blackjack** *(ähnlich, aber nicht exakt wie das deutsche 17 und 4) ist ein besonders einfaches Glücksspiel. Ziel des Spieles ist es, möglichst nahe an „Blackjack" oder 21 heranzukommen, ohne es zu überschreiten. Bilder zählen 10, die gewöhnlichen Karten ihren Wert, und ein As entweder 1 oder 11. Anfangs werden 2 Karten ausgegeben. Ein Blackjack gewinnt sofort und bei Gleichstand gewinnt keiner. Das Besondere: der Croupier ist verpflichtet, weiterzuspielen, bis er mindestens 17 Punkte hat.*

das Spiel sogar im Prinzip dem Spieler bessere Chance einräumt als der Bank. Der Grund ist, dass der Croupier immer bis 17 spielen muss, der Spieler aber bei 16, 15 oder 14 weitere Karten ablehnen kann. Die Chancen lassen sich jedoch nur realisieren, wenn man einen genauen Überblick über die schon gespielten Karten behält. Denn wenn nur noch hohe Karten im Spiel sind und der Croupier z.B. bei 15 weiterspielen muss, sind dessen Chancen, über 21 hinauszukommen und zu verlieren, größer. Es kommt also darauf an, zu zählen, wie viele hohe und wie viele niedrige Karten schon draußen sind. Ist das Verhältnis günstig, erhöht man die Einsätze.

Eine solche Verteilung garantiert natürlich nicht, zu gewinnen, aber die Chancen steigen, und der Gewinn nach ein paar Spielen damit auch. Liegen die Gewinnchancen ohne zu zählen etwa bei -0,6 % – 0 %, so steigen sie mit Zählen auf ca. 0,6 % bis 1,14 %; man erhielte also im Durchschnitt für 100 €

Einsatz 101,41 € zurück. Das zeigt, dass sowohl hohe Einsätze
als auch eine lange Spieldauer nötig sind, um vom Zähleffekt
zu profitieren.

Thorpe stellte seine Untersuchungen 1960 der „American
Mathematical Society" vor und bewies auch praktisch, dass
das Verfahren funktionierte. Zwei Jahre später veröffentlichte
er seine Erkenntnisse in Buchform und sorgte für eine Lawi-
ne der Kartenzähler. Er erfand eine Methode, die es besonders einfach machte, mit den Kartenwerten am Tisch Schritt
zu halten. Er wies den Karten 2, 3, 4, 5 und 6 den Wert +1,
den Karten 7, 8 und 9 den Wert 0 und den Karten 10, Bube,
Dame, König, As den Wert −1 zu. Nun musste man nur neue
Karten zum momentanen Wert addieren; war man im Plus, so
setzte man hohe Beträge, im Minus pausierte man oder setzte
niedrig.

Bald kamen die Casinos den Zählern auf die Spur, und es
begann ein „Wettrüsten" zwischen Casinos und Spielern. Die
Casinos versuchten (und versuchen) „Zähler" zu erkennen,
was normalerweise die Aufforderung zum Verlassen des Spiels
oder sogar des Kasinos mit sich bringt. Die Spieler wiederum
erfanden Möglichkeiten, unauffällig weiter zu zählen. Ein
amerikanischer Erfinder entwickelte und verkaufte sogar einen der ersten Kleincomputer, der im Stande war, bei Eingabe
schon gespielter Karten die Wahrscheinlichkeiten der Verblie-
benen zu berechnen. In den Achtzigern jedoch schienen die
Casinos die Lage wieder im Griff zu haben.

Dann tauchte in den Neunzigern eine neue Art Zähler auf.
Anstatt alleine, arbeiteten sie im Team: Ein Mitglied des Teams

zählte bei den Tischen mit, während ein anderes, das die Rolle eines reichen, jungen Spielers spielte, bei günstigen Chancen hoch spielte. Da dies jedoch nur bei guten Chancen geschah, und sie auf ihren Kompagnon und nicht die Karten achteten, konnte man ihnen nichts nachweisen. So verdienten sie offenbar Millionen, bis sie mit Hilfe einer Detektei, die den Ring enttarnte, aufflogen.

Im Schnitt verdienen Casinos mehr mit unerfahrenen Zählern, als sie durch professionelle verlieren. Bei heutigen technischen und statistischen Möglichkeiten sind die Chancen zu gewinnen sehr niedrig. Allerdings ist auch der Kreativität der Spieler keine Grenze gesetzt. So flog vor wenigen Jahren eine Gruppe Falschspieler auf, die ebenfalls Gewinne in Millionenhöhe gemacht hatten. Ihre Methode war es, beim Roulette mittels Lasermessung der Geschwindigkeit und Richtung der Kugel unter Einsatz mobiler Computerauswertung die Zahl vorherzuberechnen, auf die sie treffen würde.

Briefwahl

Manche Paradoxien beruhen auf Vorstellungen und Annahmen, die unterschwellig vorausgesetzt, aber nicht explizit genannt werden. Hier ein Beispiel, das Briefumschlag-Paradox.

> *In einer Quizshow werden Ihnen zwei Umschläge von der Showmasterin gegeben, mit der Angabe, einer enthalte doppelt so viel wie der andere. Sie öffnen darauf einen der Umschläge und dürfen dann wählen, ob sie ihn behalten oder wechseln wollen. Sollten Sie wechseln?*

Es erscheint sofort klar, dass Wechseln nichts bringt. Schließlich konnte man frei wählen, welchen Umschlag man nehmen wollte. Hätte man den anderen gewählt, würde einen Wechseln wieder zur jetzigen Wahl zurückbringen. Wo ist das Paradox?

Wie schaut es jetzt mit dem Erwartungswert[12] aus der vorgeschlagenen Wette aus? Entweder sie haben den größeren Be-

---

[12] Der Erwartungswert ist, wie erwähnt, Summe der Wahrscheinlichkeiten mal Ergebnissen. Bei einer Lotterie – Einsatz ein Euro – mit einer Chance von 1:1000 für den Gewinn von 80 Euro, 1:100 für den Gewinn von 20 Euro und 1:10 für den Gewinn von 4 Euro, errechnet sich der Erwartungswert als $^1/_{1000} \times 80 + ^1/_{100} \times 20 + ^1/_{10} \times 4 = 0,68$ Euro. Ein berühmter Satz der Wahrscheinlichkeitsrechnung besagt, dass Ihr durchschnittlicher Gewinn nach mehr und mehr Spielen sich diesem Erwartungswert annähert.

trag in Ihrem Briefumschlag (Wahrscheinlichkeit 1 : 2) und der kleinere ist im anderen Umschlag, oder Sie haben den kleineren, und der größere ist im anderen. Angenommen, Ihr Betrag sei 100 Euro. Sie entscheiden sich, nicht zu wechseln. Dann wäre Ihr Erwartungswert gleich 100. Nun entscheiden Sie sich, zu wechseln. Mit einer Wahrscheinlichkeit von 1 : 2 haben Sie den größeren schon gezogen, und der andere Umschlag enthält 50 Euro. Andererseits haben Sie mit der gleichen Wahrscheinlichkeit 1 : 2 den kleineren gezogen, und der andere Umschlag enthält 200 Euro. Der Erwartungswert ist nun $^1/_2$ x 50 + $^1/_2$ x 200 = 125. Sie sollten also in jedem Fall wechseln. Das ist paradox, denn sie haben den Umschlag anfangs rein zufällig gewählt.

Um diesem anscheinenden Paradox Herr zu werden, muss man sich die unsichtbare Annahme klar machen: Derjenige, der die Wette ausgelobt hat, müsse unbegrenzte Mittel zur Verfügung haben – genauer gesagt, es darf Ihnen keine Obergrenze für sein Vermögen bekannt sein. Wissen Sie etwa, der in der Show verfügbare Betrag beläuft sich auf nicht mehr als beispielsweise 100 000 Euro, dann sollten Sie bei einem Briefumschlag mit 60 000 Euro nicht wechseln – es ist mit Sicherheit der höhere Betrag. Selbst wenn Sie den exakten Betrag nicht kennen, wird in unserer Welt mit begrenzten Mitteln die Chance, einen Umschlag mit sagen wir 2,5 Millionen Euro zu ziehen und im anderen 5 Millionen zu erwarten, niedriger sein – auch Fernsehsender haben Budgets.

Aber nehmen wir einmal an, es gäbe eine Show, in der man beliebig viel gewinnen könnte. Selbst dann steckt in der Geschichte eine vertrackte Annahme, die nicht möglich ist. Es gibt nämlich keine Wahrscheinlichkeitsverteilung, die jeder Zahl größer Null die gleiche Wahrscheinlichkeit zuordnet. Gäbe es nämlich eine solche Zahl k, wäre die Summe der Wahrscheinlichkeiten gleich „unendlich" mal k, also unendlich. Die Wahrscheinlichkeiten müssen sich aber zu 1 (oder gleichbedeutend 100 %) aufaddieren.

Man könnte vielleicht meinen, man könne überhaupt nicht allen (natürlichen) Zahlen Wahrscheinlichkeiten zuordnen. Das ist aber nicht der Fall, wie die Verteilung vom St. Petersburger Spiel (S. 58) zeigt. Aber die Wahrscheinlichkeiten müssen immer kleiner werden, wenn die Zahlen groß genug werden[13]. Man kann den Satz „gegeben sei eine beliebige Zahl mit gleicher Wahrscheinlichkeit" zwar sagen, ihm entspricht aber nichts in der Wirklichkeit, ähnlich wie der Satz „gegeben sei ein echter Teiler von 7" oder „der beste Western mit Charlie Chaplin". Allerdings gibt es einen Unterschied: das Chaplin-Beispiel wäre im Prinzip möglich, wenn Charlie einen Western gedreht hätte. Die beiden anderen Beispiele sind mathematisch nicht erfüllbar, nicht möglich.

Also müsste man eine Verteilung annehmen, in der die Gewinne nicht gleich wahrscheinlich sind, sondern in denen die Wahrscheinlichkeiten nach einer Weile gegen 0 gehen. Solche Verteilungen gibt es auch; die folgenden Ausführungen sind etwas mathematikintensiv, das Fazit, das sei hier vorwegge-

---

[13] Das muss nicht sofort geschehen; Wahrscheinlichkeiten können zuerst wachsen, bevor sie wieder fallen. Irgendwann müssen sie jedoch gegen Null gehen.

nommen, lautet: Es gibt Verteilungen, bei denen sich Wechseln immer lohnt, das Paradox also nicht geklärt ist.

Man nimmt jetzt nur Geldbeträge von 1, 2, 4, …, 2^n an, da man andere Beträge nicht immer durch 2 teilen kann:

Umschlag 1	Umschlag 2	Wahrscheinlichkeit
1	2	$1 : 3 = 0{,}333$
2	4	$2 : 9 = 0{,}222$
4	8	$4 : 27 = 0{,}148$
8	16	$8 : 81 = 0{,}099$
…	…	…
2^n	2^{n+1}	$^1/_3 \times (^2/_3)^n$

z

Um diesem Problem mathematisch beizukommen, benötigt man das Hilfsmittel der „bedingten Wahrscheinlichkeit" oder der Wahrscheinlichkeit eines Ereignisses, nachdem ein anderes eingetreten ist. Beispielsweise könnte die Wahrscheinlichkeit, Prinz Charles in einem Skiort zu treffen, 1 : 100 000 sein. Wenn man aber gelesen hätte, die Familie Windsor hätte beschlossen, in Ihrem Skiort Ferien zu machen, wäre die bedingte Wahrscheinlichkeit nur noch 1 : 100.

Bezeichnet man „Prinz Charles beim Skifahren treffen" mit CS und „Windsors machen in Ihrem Skiort Ferien" mit WF, so drückt man diese Tatsache als bedingte Wahrscheinlichkeit aus mittels

$$W(CS \mid WF) = 1 : 100,$$

oder „die Wahrscheinlichkeit von CS gegeben WF ist 1 : 100".
Weiter muss man wissen, dass die der bedingten Wahrschein-
lichkeit gleich der gemeinsamen Wahrscheinlichkeit durch die
Gesamtwahrscheinlichkeit ist. In diesem Fall wäre etwa die
Wahrscheinlichkeit für Ihren Skiort 1 : 1000. Dann ist

$$W(CS \mid WF) = W(CS, WF)/W(WF),$$

oder in Zahlen $1/_{100} = 1/_{100\,000} : 1/_{1000}$.

Jetzt kann man das Problem formulieren, ob man wechseln
soll, wenn man etwa 8 € im Umschlag findet. Bezeichnet man
den eigenen Umschlag mit X, den anderen mit Y, so sucht
man die Wahrscheinlichkeiten: $W(Y = 16 \mid X = 8)$ und $W(Y = 4 \mid X = 8)$. Die Wahrscheinlichkeit $W(X = 8) = 1/_2$ x 0,148 +
$1/_2$ x 0,099 = 0,123. $W(Y = 16, X = 8) = 1/_2$ x 0,099 = 0,049
und $W(Y = 4, X = 8) = 1/_2$ x 0,148 = 0,074, also

$$W(Y = 16 \mid X = 8) = {}^{0,049}/_{0,123} = 0,4 \text{ und}$$
$$W(Y = 4 \mid X = 8) = {}^{0,074}/_{0,123} = 0,6$$

Wie man sieht, ist hier die Wahrscheinlichkeit, beim Wechseln den höheren Betrag zu finden, nicht 0,5 : 0,5, sondern
0,4 : 0,6.

Wie eine bedingte Wahrscheinlichkeit gibt es auch einen bedingten Erwartungswert; das ist der Wert, der uns sagt, ob
Wechseln vorteilhaft ist oder nicht. Dann ist

$$E(Y \mid X = 8) = W(Y = 16 \mid X = 8) \text{ x } 16 + W(Y = 4 \mid X = 8) \text{ x } 4 = 0,4 \text{ x } 16 + 0,6 \text{ x } 4 = 8,8 > 8.$$

Es lohnt sich also immer noch zu wechseln! Ein Grund dafür, dass dies möglich ist, liegt darin, dass der Erwartungswert der Wette unendlich ist (angenommen, man wählt jeden Umschlag mit gleicher Wahrscheinlichkeit):

$$E(^1/_2 \text{ x } (X+Y)) = E(1,5 \text{ x } X) = 1,5 \text{ x } (1 \text{ x } ^1/_3 + 2 \text{ x}^2/_9 + 4 \text{ x}^4/_{27} + \dots) = \infty$$

Es bleibt also ein „Restparadox", wie es einen Spielaufbau geben kann, in dem auf jeden Fall gewechselt werden sollte. Ein solcher Aufbau ist natürlich in der Wirklichkeit nicht möglich, da jede Spielshow eine Obergrenze möglicher Gewinne hat.

Stegreifaufgabe

Das folgende Paradox ist ein moderner Klassiker:

> *Am Montagmorgen kommt der Lehrer, ein Pauker vom alten Schlag, in die Klasse und sagt: An irgendeinem Tag zwischen jetzt und Freitag werde ich aus dem Stegreif eine Klassenarbeit ansetzten. Wann, wird eine Überraschung sein.*

> *Hans ist faul und möchte nicht für die Arbeit lernen. Er überlegt: Wenn es Donnerstag Mittag ist, kann der Lehrer die Arbeit nicht mehr überraschend ansetzen, es kommt ja danach der letzte Tag. Also wird die Arbeit nicht am Freitag geschrieben. Am Mittwochabend wüsste man dann allerdings, dass er sie Donnerstag schreiben lassen müsste – schließlich kann er sie nicht Freitag schreiben – das geht auch nicht. Dann gehen Mittwoch, Dienstag und Montag nach dem gleichen Argument auch nicht! Es wird also gar keine Klassenarbeit geschrieben werden. Sehr zufrieden, schaut Hans nicht mehr in sein Buch, doch zu seiner Überraschung lässt der Lehrer am Mittwoch eine Arbeit schreiben.*

Das Paradox, auch makabrer als „unvermutete Hinrichtung" bekannt, ist eine der Paradoxien, die über ein zähes Leben verfügen. Die Wortwahl lässt einige Freiheiten der Interpretation, besonders das „überraschend".

Eine Interpretation verwendet hier wieder die schon erwähnte „bedingte Wahrscheinlichkeit", also die Wahrscheinlichkeit unter bestimmten Voraussetzungen. So kann man „überraschend" interpretieren als „unsicher angesichts der bisherigen Informationen".

Nehmen wir an, Sie haben eine Wette laufen, wer beim nächsten Grand Prix gewinnt. Ihr Favorit ist J. P. Montoya. Am Montag der Rennwoche ist noch nichts Entscheidendes über das Rennen bekannt. Möglicherweise hat sein Konkurrent, M. Schumacher, Probleme mit einer neuen Auflage der FIA. Die Wahrscheinlichkeit des Erfolges von Montoya wird durch die Formel W(Sieg$_M$ | Neue Auflage der FIA) beschrieben, eine Zahl kleiner als 1, zum Beispiel 0,2 (das entspricht 20 %. Natürlich spielen hier Dutzende anderer Faktoren eine Rolle). Bei einer solchen Situation wäre der Sieg immer noch überraschend, denn mit 80 % Wahrscheinlichkeit würde Montoya verlieren.

Jetzt könnte Montoya eine Grippe bekommen und durch einen anderen Piloten ersetzt werden. Dann wäre die Wahrscheinlichkeit seines Sieges gleich null – er nimmt gar nicht am Rennen teil – also W(Sieg$_M$ | Montoya mit Grippe erkrankt) = 0. Eine solche Situation wäre nicht mehr überraschend, weil seine Siegchancen = 0 sind. Man könnte also sagen, wenn die Wahrscheinlichkeit für ein (bedingtes) Ereignis 0 oder 1 ist, ist es nicht mehr überraschend.

Genauso argumentiert ja anfangs auch Hans: Donnerstagabend ist es sicher, dass am nächsten Tag die Klassenarbeit geschrieben wird, also W(Ex Freitag | Keine Ex bis Donnerstag) = 1. Der Lehrer kann am Freitag gar keine „überraschende" Arbeit schreiben lassen. Wenn man sich die Wahrscheinlichkeiten der einzelnen Tage der Woche betrachtet, sieht man, wie das Überraschungsmoment abnimmt. Schreibt man die Wahrscheinlichkeiten für ein Ansetzen der Klassenarbeit an einem Wochentag als (a, b, c, d, e) für (Mo, Di, Mi, Do, Fr), berechnet man:

Zeit (Abends)	Wahrscheinlichkeiten
Sonntag	$(1:5, 1:5, 1:5, 1:5, 1:5)$
Montag	$(0, 1:4, 1:4, 1:4, 1:4)$
Dienstag	$(0, 0, 1:3, 1:3, 1:3)$
Mittwoch	$(0, 0, 0, 1:2, 1:2)$
Donnerstag	$(0, 0, 0, 0, 1)$

Der Lehrer kann nicht überraschend an jedem Tag der Woche eine Arbeit schreiben, er hat also eine widersprüchliche Aussage gemacht. Und eine widersprüchliche Aussage ist nicht besser, als gar keine Aussage.

Aus einem Widerspruch folgt, logisch gesehen, jede beliebige Aussage. Dazu eine kleine Geschichte:

Ein bekannter Wissenschaftler hielt seine Vorlesung und kam auf den Satz zu sprechen, aus einem Widerspruch könne man jede Aussage folgern. Ein Student forderte ihn auf, aus „1 + 1 = 3" die Aussage „ich bin der Papst" zu folgern, worauf der Professor antwortete: „1 + 1 = 3, also 2 = 3, woraus 2 = 1 folgt. Der Papst und ich sind zwei, also sind wir eins."

Auch im Alltag kann man aus widersprüchlichen Aussagen nicht viel folgern. Stellen Sie sich vor, sie gingen in ein Bistro, wo es zum Brunch Krüge mit Saft gibt. Sie fragen die Bedienung, ob sie sich ein Glas nehmen dürften, worauf ihnen zugestimmt wird. Sie fragen, ob es denn hier Saft kostenlos gäbe, worauf die Antwort „nein" ist. Nach diesen Angaben könnten sie mit Recht „überraschend" zum Bezahlen des Glases angehalten werden. Sie könnten jetzt spekulieren, ob der Ober sie entweder auf ein Glas einladen wollte oder vielleicht denkt, sie meinten mit „Glas nehmen" ein „Glas ordern und bezahlen". Die Aussagen an sich sind widersprüchlich und inhaltsleer.

Genauso kann man die Angaben des Lehrers verstehen. Da sie nicht erfüllbar sind, also keinen Informationsgehalt haben, bleibt offen, was nächste Woche geschieht, man kann sich also überraschen lassen (mit dieser Argumentation ist der Schluss von Hans, dass in der Woche keine Klassenarbeit geschrieben werden kann, falsch. Schließlich hat der Lehrer etwas Widersprüchliches, also „nichts", gesagt).

Wahlverwandtschaften

Bei Wahlen – aber auch bei anderen Zuteilungen – muss eine begrenzte Anzahl Einzelstücke einem kontinuierlichen Spektrum von Empfängern zuzuteilen sein. Das Problem tritt in vielfältiger Weise in Wirtschaft, Politik, aber auch im Normalleben auf. Bei einer Zuteilung von Handyfrequenzen, bei Plätzen im Aktienindex DAX, bei Anweisung von Plätzen in Flughäfen, bei der Zuteilung von externen Beratern, beim Vererben (abgesehen vom Ausbezahlen) oder bei der Zulassung von Teams zur Tour de France müssen Wege gefunden werden, die wenigen Plätze gerecht und nach einsichtigen Prinzipien auf viele Empfänger zu verteilen. Ein ähnliches Aufteilungsproblem trat auch beim „Pferdeparadox" (S. 51) auf.

Das wichtigste Beispiel sind jedoch Wahlen. Hier tritt das Problem gleich mehrfach auf. Es müssen in einer Länderkammer beispielsweise jedem Land Sitze gemäß seiner Größe zugewiesen werden. Im Bundestag müssen die Sitze gemäß den Stimmanteilen und der Zahl der direkt gewählten Abgeordneten verteilt werden, nach dem Mehrheitswahlrecht mit Überhangmandaten. Welches System verwendet wird, ist eine hochpolitische Sache, da durch andere Berechnungsmethoden auch andere Verteilungen zustande kommen können.

Es gibt zwei prinzipielle Verfahren zur Parlamentswahl: die Mehrheitswahl und die Verhältniswahl. Über die Vor- und

Nachteile der beiden Methoden wird gestritten. Das Mehrheitswahlrecht hat den Vorteil, dass jeder Abgeordnete ein direktes Mandat der Bevölkerung hat. Wer im Parlament sitzt, wurde auch mit einfacher oder absoluter Mehrheit in einem Wahlbezirk gewählt. Allerdings kann eine Partei mit weit unter 50 % der Stimmen die Mehrheit im Parlament bekommen. Hierzu muss die Partei in 51 % der Wahlkreise 51 % der Stimmen erhalten – insgesamt eine Quote von wenig über 25 %. Ein weiterer Nachteil ist die Nichtberücksichtigung kleinerer Parteien, da deren Kandidaten selten die Mehrheit erringen können. Eine Partei mit 10 % der Wählerstimmen könnte ohne einen Sitz im Parlament bleiben. Aus diesem Grund bilden sich in Ländern mit reinem Mehrheitswahlrecht oft Zwei-Parteien-Konstellationen heraus.

Die Verhältniswahl benachteiligt die kleinen Parteien nicht und ist repräsentativer für die Gesamtstimmen einer Wahl. Sie gibt den Parteien ein größeres Gewicht, da eine Einzelperson wenig Chancen hat, im Wahlkampf mit ihnen zu konkurrieren. Manche Verhältniswahlsysteme neigen auch zur Zersplitterung und unstabilen Machtverhältnissen. Hierzu wurde in vielen Ländern, u. a. in Deutschland, die Fünf-Prozent-Klausel eingeführt, die Parteien unter dieser Grenze aus dem Parlament ausschließt. In der Bundestagswahl wird ein gemischtes Verfahren angewandt. Jede Partei erhält den ihr prozentual zustehenden Anteil plus darüber hinausgehende Direktmandate, genannt Überhangmandate.

Zurück zur Zuteilung von Sitzen an Bundesländer (Wahlkreiszuteilung); hier sind einige Paradoxien aufgetreten, deren erstes das *Alabama-Paradox* war. Wie die Namen andeuten, wurde das Paradox zuerst in den USA entdeckt. In der Verfassung der USA von 1787 steht in Art. 1, Abschn. 2

> *„Abgeordnete und direkte Steuern sollen unter den Bundesstaaten, die Mitglied der Union werden wollen, gemäß ihrer Einwohnerzahl angewiesen, … die Anzahl von Abgeordneten sollte einer pro 30 000 nicht übersteigen, jeder Bundesstaat sollte aber mindestens einen haben …"*

Die Verfassung gab dem Kongress, dem Parlament der USA, drei Jahre zur Erarbeitung einer praktischen Lösung. Zwei Mitglieder schlugen sofort eine Lösung vor, Alexander Hamilton und Thomas Jefferson. Die zweite Lösung wurde schließlich nach längerer Debatte, nachdem man sich zunächst für die erste entschieden hatte, angenommen. Weitere Vorschläge kamen von William Lowndes, John Quincy Adams und Daniel Webster. Der Vorschlag der beiden Letzteren wurde auch 1832 angenommen, dann aber von Hamiltons Verfahren verdrängt. Dessen Verfahren blieb in Kraft, und im Jahre 1880 trat zur allgemeinen Überraschung ein Fehler darin zutage, das erwähnte *Alabama-Paradox.*

Wie funktioniert das Hamilton-Verfahren? – Man nimmt die Bevölkerung eines Staates, teilt sie durch die Gesamtbevölkerung und multipliziert den erhaltenen Faktor (Bevölkerungsanteil) mit der Anzahl der Sitze

$$S_B = (Bev_B/Bev) \times Sitze$$

und rundet diese Zahl ab. Das ergibt die so genannte (untere) Quote, die Mindestzahl von Sitzen, die einem Land zugesprochen werden. Die Restsitze werden der Reihenfolge nach gemäß der Größe der abgerundeten Kommastellen vergeben.

Ein Beispiel: nehmen wir drei Bundesländer mit einer Gesamtbevölkerung von 1 Million Einwohnern und 80 zu vergebenen Wahlkreisen.

Land	Bev.	Quote	Quote ger.	Rest	Zusatzmandate	Zugeteilt
A	534 000	42,72	42	0,72	1 (#2)	43
B	343 000	27,44	27	0,44	0 (#3)	27
C	123 000	9,84	9	0,84	1 (#1)	10
Summe: 1 000 000		80	78		2	

Durch die Quote wurden nur 78 von 80 Sitzen verteilt. Land C hat den größten Prozentrest (0,84) und bekommt das erste Zusatzmandat, Land A das zweite.

Hier sind die Originalzahlen der Wahl von 1880:

Bundesstaat	1880 Bev.	% d. Bev.	Quote	Rest	Zugeteilt
Alabama	1 262 505	2,56	7	0,646	8
Arkansas	802 525	1,63	4	0,860	5
California	864 694	1,75	5	0,237	5
...	...	...	...	...	...
Wisconsin	1 315 497	2,66	7	0,967	8
Gesamt	49 371 340	100	277		299

Alabama hat einen Anteil von 2,56 % an der Gesamtbevölkerung, was mit der Sitzanzahl 299 malgenommen 7,646 ergibt.

Damit lag es an Platz 21 mit seinem Restprozentsatz (0,646)
und bekam noch einen der 22 übrigen Sitze, insgesamt also 8
(es bekam den 22. Sitz, da Nevada zwar einen geringeren
Restanteil hatte (0,377) aber sonst keinen Sitz bekommen
hätte; jeder Staat sollte aber mindestens einen Sitz erhalten.
Also erhielt Nevada den 21. Sitz).

Nun wurde das Parlament auf 300 Abgeordnete erweitert. Die
neue Rechnung sah so aus:

Bundesstaat	1880 Bev.	% d. Bev.	Quote	Rest	Zugeteilt
Alabama	1 262 505	2,56	7	0,671	7
Arkansas	802 525	1,63	4	0,876	5
California	864 694	1,75	5	0,254	5
…	…	…	…	…	…
Wisconsin	1 315 497	2,66	7	0,993	8
Gesamt	49 371 340	100	280		300

Es gab nun weniger Restmandate, und da Alabama jetzt auf
Platz 20 lag und Nevada einen Platz sicher bekam, blieb für
Alabama kein Restsitz mehr übrig[14]. Alabama hatte also bei
einer Vermehrung der Sitze im Parlament einen Sitz verloren.

Noch zwei ähnliche Paradoxien wurden später entdeckt, das
Bevölkerungsparadox und das *Neuer-Bundesstaat-Paradox*. Ein

---

[14] In diesem Rechenbeispiel hätte Alabama wieder 8 Mandate bekommen,
wenn Nevada nicht einen Sitz sicher gehabt hätte. Man kann aber leicht ein
Beispiel erfinden, das ohne die Regel für einen Mindestsitz das Alabamapara-
dox erzeugt.

Bundesstaat mit schnell wachsender Bevölkerung konnte einen Sitz an einen mit langsam wachsender Bevölkerung verlieren. Ebenso konnten Bundesstaaten Sitze verlieren oder gewinnen, wenn ein neuer Bundesstaat aufgenommen wurde, auch wenn für den neuen Bundesstaat angemessen viele Sitze im Parlament hinzukamen.

Solche Paradoxien vermeiden andere Zuteilungssysteme. Das von Webster etwa rundet die Prozentanteile auf oder ab, je nachdem, ob die Kommastelle größer, gleich oder kleiner 5 ist (das übliche Verfahren, das man in der Schule lernt).

Land	Bev.	Quote	Quote ger.	Zugeteilt
A	534 000	42,72	43	43
B	343 000	27,44	27	27
C	123 000	9,84	10	10
Summe:	1 000 000	80	80	

In diesem Fall geht die Rechnung glatt auf, was aber nicht der Fall sein muss. Sind etwa 100 Mandate zu vergeben, so erhält man

Land	Bev.	Quote	Quote ger.	Zugeteilt
A	534 000	53,4	53	
B	343 000	34,3	34	
C	123 000	12,3	12	
Summe:	1 000 000	100	99	

Durch Abrunden wird ein Sitz weniger zugeteilt, als vorhanden ist. Ebenso könnten zu viele Sitze verteilt werden. Für diese Fälle hat man sich einen Trick ausgedacht. Betrachtet man noch mal die Formel zur Berechnung der Quote: $S_B =$ (Bev_B/Bev) x Sitze, so kann man sie auch schreiben als $S_B =$ Bev_B : (Bev/Sitze) = Bev_B : (Größe d. Wahlkreises). Im letzten Beispiel wäre die Größe des Wahlkreises 1 000 000 : 100 = 10 000. Man passt diese Zahl jetzt so an, dass alle Mandate auch zugeteilt werden durch die so genannte Angepasste Wahlkreisgröße (AW). In diesem Falle werden bei einer AW von 9981,3 genau alle Mandate vergeben:

$$534\ 000 : 9\ 981,3 = 53,5 \text{ oder } 54 \text{ Mandate}$$
$$343\ 000 : 9\ 981,3 = 34,4 \text{ oder } 34 \text{ Mandate}$$
$$123\ 000 : 9\ 981,3 = 12,3 \text{ oder } 12 \text{ Mandate}.$$

Andere Verfahren, wie das Jefferson-Verfahren, runden die Zahlen immer ab oder verwenden eine Formel, um zu entscheiden, ob auf- oder abgerundet wird. Alle diese Verfahren bringen dann die Zahl der Sitze mittels angepasster Wahlkreisgröße auf die gewünschte Gesamtzahl. In Europa wurden viele dieser Verfahren unabhängig entwickelt und sind unter anderen Namen bekannt[15].

---

[15] Folgende Tabelle vergleicht die europäischen und amerikanischen Bezeichnungen

Europa	USA	Beschreibung
Hare-Niemeyer	Hamilton-Verfahren, Vinton	Größte Reste
D'Hondt, Hagenbach-Bischoff	Jefferson	Größter Teiler
Sainte-Laguë	Webster	Größter Bruchteil
	Huntington-Hill	Gleiche Anteile, Geometrisches Mittel
	Dean	Harmonisches Mittel
	Adam	Kleinster Teiler

Die neuen Verfahren lösten die Paradoxien, brachten aber andere Probleme mit sich. Eine wünschenswerte Eigenschaft eines Zuteilungsverfahrens ist es, dass die zugeteilten Stimmen zwischen der abgerundeten und aufgerundeten Quote liegen (untere und obere Quote). Liegt die ursprüngliche Quote bei 53,4, so sollten entweder 53 oder 54 Sitze zugeteilt werden. Die neuen Verfahren besitzen diese Eigenschaft nicht, im Gegensatz zum hamiltonschen Verfahren. Eine andere Frage ist, ob ein Verfahren systematisch größere gegenüber kleineren Staaten bevorzugt oder andersherum. Und schließlich sollte die Zuteilung bei Teilung eines Staates in zwei den beiden zusammen wieder die Anzahl des ursprünglichen Staates zuteilen. 1983 zeigten zwei Mathematiker, Balinski und Young, dass es kein System geben kann, das alle diese Forderungen erfüllt – zumindest nicht bei fixer Sitzanzahl, man muss also in einen sauren Apfel beißen.

Woher kam, mathematisch gesehen, dieses Paradox? Es handelt sich um einen Effekt von „Unstetigkeit" in der Funktion der Sitzverteilung. Stetigkeit ist die Eigenschaft einer Funkti-

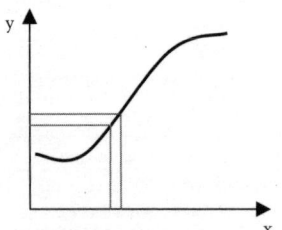

Stetig: keine Sprungstellen. Kleine Veränderungen von x führen zu kleinen Veränderungen von y.

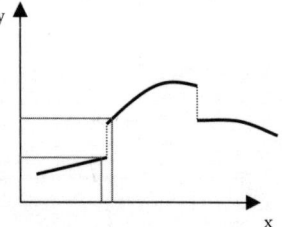

Untetig: mit Sprungstellen. Kleine Veränderungen von x können zu großen Veränderungen von y führen.

on, keine Sprungstellen aufzuweisen. Wenn man den x-Wert etwas verändert, verändert sich der y Wert ebenfalls nur wenig. Bei einer nicht stetigen Funktion aber springt der y-Wert bei einem bestimmten Punkt.

Ein Verfahren zur Vergabe von Sitzen nach Bevölkerungsanteilen muss notwendigerweise Unstetigkeiten besitzen – schließlich sollen kontinuierliche Bevölkerungsveränderungen zu einer diskreten Sitzverteilung führen (diskret heißt nummerierbar). Im Fall der Sitze im Parlament hängt die Funktion von mehreren Variablen ab, den Bevölkerungsanteilen (so viele wie Bundesstaaten) und der Gesamtzahl der Sitze. Hält man in einer solchen Funktion mehrerer Variablen alle Variablen außer einer fest, so erhält man wieder eine gewöhnliche Funktion einer Variablen. Zeichnet man den Plot der Sitze Alabamas in Abhängigkeit der Gesamtsitze, so sähe das dann in etwa so aus:

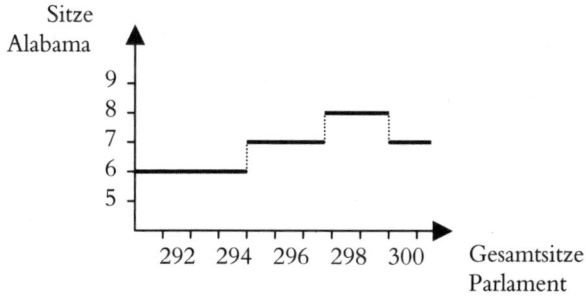

Und an dieser Grafik sieht man schon das Problem: Obwohl die Anzahl der Gesamtsitze ansteigt, verliert Alabama einen.

Wo ein Wille ist

Es kann jedoch auch in einer Wahl ohne Bezirke, einer einfachen Mehrheitsentscheidung, unmöglich sein, den Wählerwillen zu realisieren. Als erster erkannte das der französische Philosoph der Aufklärung, Marquis de Condorcet (1743–1794). Er erdachte eine unlösbare Situation, in der demokratische Abstimmungen versagen.

Stellen Sie sich vor, Sie sind mit zwei Freunden (Adalbert und Bruno) zum Fischen gefahren. Nach einem enttäuschenden Fang am Morgen kommt die Frage auf, wie der Nachmittag zu verbringen sei. Adalbert schlägt vor, eine Runde Minigolf zu spielen oder alternativ aufs Volksfest im Nachbarort zu gehen. Bruno hält nichts vom Minigolf, dagegen viel von Volksfesten. Wenn ein Besuch dort nicht möglich sei, würde er noch lieber weiter fischen. Sie selbst möchten auch am Nachmittag fischen, würden sich zum Minigolf überreden lassen, halten aber nichts von Volksfesten. Wie würde eine Abstimmung ausgehen? Wenn jeder nur eine Stimme hat, gibt es ein Patt: die Stimmverteilung ist Minigolf-Volksfest-Fischen (M-V-F) 1:1:1. Selbst wenn man seine Präferenzen als Reihenfolge angeben kann, gibt es noch keine Lösung:

Adalbert:	M > V > F
Bruno:	V > F > M
Sie:	F > M > V

(Hier steht „>" für „bevorzugt vor"). Es gibt hier keine Lösung, da die Situation völlig symmetrisch ist. Ein solches Patt kommt in normalen Wahlen nicht vor, da es meist Tausende oder Millionen Wähler gibt, sehr wohl aber in Parlamentsabstimmungen.

Der Wirtschaftswissenschaftler Kenneth Arrow bewies in den fünfziger Jahren ein verblüffendes Ergebnis: es gibt keinen Wahlmechanismus, der einige Grundvoraussetzungen erfüllt und zugleich demokratisch ist.

Womit fängt Ihre
Telefonnummer an?

Das folgende Beispiel ist eigentlich kein Paradox, sondern Realität. Trotzdem erstaunlich. Sie haben sicher schon einmal beim Wechseln Ihrer Wohnung, Ihrer Telefongesellschaft oder beim Kauf eines neuen Handys eine neue Telefonnummer erhalten. Sich diese zu merken ist oft schwierig, vor allem anfangs, und alte Nummern bleiben oft lange im Gedächtnis. Man könnte einmal alle Nummern, die man auswendig weiß, in einer Liste aufschreiben. Dann könnte man, wenn man etwas Zeit übrig hat, zählen, wie viele Nummern mit eins, zwei usw. anfangen.

Wenn sie die Tabelle aufgestellt haben (angenommen, Sie merken sich mehr als zwei bis drei Nummern), werden Sie vielleicht feststellen, dass nicht alle Zahlen gleich oft vorkommen. Das ist nicht verwunderlich, da es immer eine statistische Wahrscheinlichkeit gibt, dass einige Zahlen häufiger vorkommen als andere. Diese Wahrscheinlichkeit sollte mit steigendem Datenaufkommen abnehmen. Das Erstaunliche ist jedoch, dass niedrigere Zahlen häufiger vorkommen als hohe. Dies ist kein Fehler, sondern ein Gesetz vieler Zahlenreihen, und wird Benfordsches Gesetz genannt.

Hier die Verteilung der Zahlen nach Benford:

1	2	3	4	5
30,1 %	17,6 %	12,5 %	9,7 %	7,9 %

6	7	8	9
6,7 %	5,8 %	5,1 %	4,6 %

Wie Sie sehen, fangen Zahlen mit 1 mehr als sechsmal so häufig an wie mit 9!

Das Gesetz wurde erstmals von Simon Newcomb, einem amerikanischen Mathematiker, im Jahr 1881 gefunden. Er hatte bemerkt, dass die Seiten seines Logarithmenbuches am Anfang viel abgegriffener als am Ende waren. Sein Gesetz geriet in Vergessenheit, bis es der Physiker Frank Benford 1938 wiederentdeckte. Auch er war auf die abgenutzten Seiten der Logarithmen gestoßen und hatte sich gewundert, dass einige Zahlen häufiger als andere gesucht worden waren. Er untersuchte nun Zahlenkolonnen der verschiedensten Herkunft: Flüsse, Bevölkerung, physikalische Konstanten, Zeitungen, das Atomgewicht, Hausadressen, Sterberaten und andere – überall fand er das Gesetz gültig. Er fand auch die Formel für die Zahlen in der Liste: eine Ziffer d kommt mit der Häufigkeit $\log_{10}(1+1/d)$ vor[16].

Das Benfordsche Gesetz tritt jedoch nicht überall auf. Nimmt man die Zeiten eines Tausendmeterlaufes in der Schule, so werden sie sich fast alle zwischen knapp unter drei bis zu fünf

---

[16] $\log_{10}$ ist der Logarithmus zur Basis 10, siehe Kapitel „St. Petersburger Spielleidenschaft". Mit einer ähnlichen Formel lassen sich auch Häufigkeiten von Ziffernpaaren, -tripel usw. berechnen, mit denen die Zahlen beginnen.

Minuten bewegen. Ebenso ist das Vorkommen von Ziffern in einer Lotterie nicht dem Gesetz unterworfen: Bei 6 aus 49 kommen die Zahlen 1–49 genau gleich oft vor, wofür die Konstruktion des Gerätes sorgt. Andere Zahlen, wie etwa Körpergrößen, sind nach der so genannten Gaußschen Normalverteilung oder Glockenkurve verteilt. Die Größen gruppieren sich um einen Zentralwert und fallen dann stark ab. Nimmt man 1,80 Meter als Mittelwert für Männer und 1,70 für Frauen, wird die Ziffer 1 noch häufiger vorkommen, als im Benfordschen Gesetz beschrieben.

Das Gesetz gilt für Größen, die sich exponentiell verhalten. Das heißt, dass ein doppelt so großer Wert mit der halben Wahrscheinlichkeit auftritt. Wenn es etwa in Deutschland einen Fluss der Größe 1 gibt (Rhein), 2 der Größe 2 (Donau, Elbe), 4 der Größe 3, usw., allgemein 2 x 2 x 2 x … x 2 (n mal) oder 2^n Flüsse der Größe n, so hat man eine exponentielle Verteilung.

Das Benfordsche Gesetz ist *skaleninvariant* und *basisinvariant*. Skaleninvariant heißt, dass, wenn man etwa Flüsse in Metern statt in Kilometern misst, sich die Ziffernverteilung nicht ändert. Basisinvariant bedeutet, dass wenn man in einer anderen Basis rechnet (wie ein Computer, der Basis 2 verwendet), das Gesetz mit weniger oder mehr Ziffern immer noch gültig ist. Es ist sogar das einzige skaleninvariante Gesetz, es scheint also, dass die Natur voll von skaleninvarianten Größen wäre.

Wozu könnte man das Gesetz jetzt verwenden? Eine häufige Anwendung ist das Aufspüren von Betrug. Viele Finanzdaten,

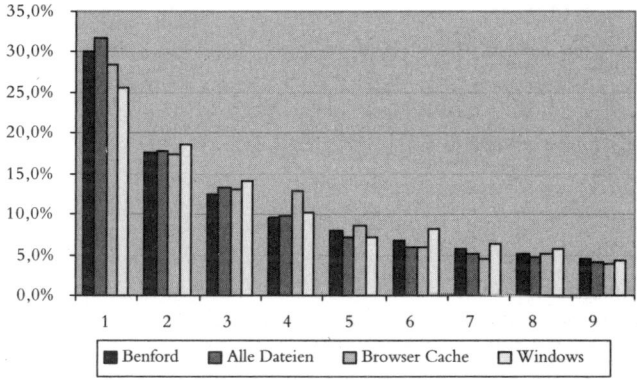

wie etwa Steueraufkommen, Rechnungen, Aktienkurse und Währungen verhalten sich nach dem Gesetz. Werden nun Zahlen „getürkt", achten die Fälscher meist nicht darauf, sich nach dem Benfordschen Gesetz zu richten. Geben Sie etwa in ihrer Steuererklärung eine Liste von absetzbaren Ausgaben an, sollte sich die nach dem Gesetz richten, ebenso die Einnahmen eines börsennotierten Unternehmens. Man verwendet heute Software, die Zahlen automatisch dem „Benfordtest" unterzieht. Bis zu einem gewissen Sinne wird es sich allerdings um eine „self-fulfilling prophecy" handeln, um eine selbst erfüllende Voraussage: Je bekannter die Gültigkeit des Gesetzes ist, umso mehr vor allem professionelle Betrüger werden ihre Daten daran anpassen. Die folgende Grafik zeigt die Verteilung der Ziffern bei Dateigrößen auf meiner Fest-

---

[17] Wenn Sie sich mit Tabellenkalkulation etwas auskennen, können Sie das Gesetz selbst testen. Hierzu brauchen Sie eine Liste aller Dateien auf Ihrer Festplatte oder einem Unterverzeichnis, in MS-DOS zu erhalten durch den

platte[17]. Wie man sieht, gibt es eine Bevorzugung kleiner Ziffern gegenüber großen, aber keine genaue Übereinstimmung mit dem Gesetz.

Man kann man auch mit Buchstaben eines Textes solche Statistiken machen und untersuchen, welche häufiger als andere sind. Vielleicht kennen Sie das Spiel Scrabble, in dem man anschließend an bestehende Worte neue Worte legt. Dabei werden für die verschiedenen Buchstaben verschiedene Werte erteilt, plus Bonuspunkten für das Belegen von bestimmten Feldern. Es ergibt sich ein dynamisch erzeugtes Kreuzworträtsel.

In westlichen Sprachen sind Vokale häufiger als Konsonanten; je häufiger ein Buchstabe ist, desto niedriger sein Buchstabenwert, die Anzahl Punkte, die man für ihn erhält. So haben die Buchstaben E, S und N den Wert 1, da sie sehr häufig, die Buchstaben Q und Y den Wert 10, da sie sehr selten sind.

Rang	Buchstabe	Häufigkeit	Rang	Buchstabe	Häufigkeit
1.	E	17,40 %	14.	M	2,53 %
2.	N	9,78 %	15.	O	2,51 %
3.	I	7,55 %	16.	B	1,89 %
4.	S	7,27 %	17.	W	1,89 %

Befehl `dir /S /A-D /-C C:\ | sort > datei_liste_C.txt`. Jetzt zählen Sie die Vorkommnisse der Ziffern 1-9 in der Dateigröße. Dazu importieren Sie die Spalte mit den Dateigrößen in ein Tabellenkalkulationsprogrammen wie OpenOffice oder Excel. Mittels der Formel `=len(A1)-len(substitute(A1;"1";""))` finden Sie die Anzahle von Einsen in der Zelle.

5.	R	7,00 %	18.	F	1,66 %
6.	A	6,51 %	19.	K	1,21 %
7.	T	6,15 %	20.	Z	1,13 %
8.	D	5,08 %	21.	P	0,79 %
9.	H	4,76 %	22.	V	0,67 %
10.	U	4,35 %	23.	J	0,27 %
11.	L	3,44 %	24.	Y	0,04 %
12.	C	3,06 %	25.	X	0,03 %
13.	G	3,01 %	26.	Q	0,02 %

Die Häufigkeiten unterscheiden sich je nach Sprache, so ist etwa im Englischen das *K* weniger häufig, da es meist durch *C* ersetzt wird.

Diese Statistiken werden u. a. zur Entschlüsselung von geheimen Texten verwendet. Im modernen Computerzeitalter kann man Texte so verschlüsseln, dass sie mit heutigen Mitteln nicht zu knacken sind. Früher, und bis zur Mitte des letzten Jahrhunderts, waren viele Methoden jedoch recht einfach. Der „Cäsar-Code" ist eine Methode, die Cäsar bei seinen Nachrichten anwandte, damit sie nicht von Unbefugten gelesen werden konnten. Man vertauscht jeden Buchstaben mit einem Buchstaben im Abstand von 3. So wird *A* zu *D*, *B* zu *E* usw. Dieses Verfahren oder andere, die auf Vertauschung von Buchstaben beruhen, kann man mit der Prozenttabelle für Buchstaben leicht knacken. Man muss nur den Buchstaben mit dem nächstliegenden Prozentwert finden. Wenn etwa der Buchstabe *S* die Häufigkeit 6,5 % hat, ist es wahrscheinlich das *A*. Heute werden Daten meist nicht nach Buchstaben, sondern nach Bits verschlüsselt; die Verfahren sind sehr viel komplizierter. Die Häufigkeiten haben jedoch immer noch Bedeutung in der Datenkompression.

Ein amerikanischer Linguist, Georg Kingsley Zipf, hatte in den dreißiger Jahren herausgefunden, dass sich die Häufigkeit von Wörtern im Englischen nach einem ähnlichen Gesetz bildet wie das Benfordsche. Das n-te Wort kommt $1/n$-mal so häufig vor wie das erste. Auch dies könnte man für die Entschlüsselung von Botschaften nutzen.

Mit gefangen, mit gehangen

Stellen Sie sich vor, Sie wurden nach einem „Bruch" zusammen mit einem Komplizen festgenommen, ohne dass die Polizei Ihnen die Tat nachweisen kann. In der Zelle macht Ihnen der Kommissar einen Vorschlag: Wenn Sie aussagen und durch Ihre Aussage der Raub aufgeklärt wird, bekommen Sie nur eine Bewährungsstrafe, ihr Partner wird für mehrere Jahre sitzen. Allerdings wissen Sie, dass der Kommissar auch Ihrem Partner denselben Vorschlag gemacht hat. Wenn Sie beide gestehen, erhalten Sie beide eine mittlere Haftstrafe, wenn Sie beide jedoch „dichthalten", bekommen Sie nur eine minimale Strafe für Widerstand gegen die Staatsgewalt und den gestohlenen Fluchtwagen. Diese Situation ist bekannt als *Gefangenendilemma*.

Ihre Entscheidung und die Ihres Partners kann man in einer Tabelle darstellen; in Klammern sind die Haftstrafen (in Jahren) für beide angegeben:

	Dichthalten	Gestehen
Dichthalten	(1, 1)	(5, 0)
Gestehen	(0, 5)	(3, 3)

Wie man sieht, ist für Sie die beste Strategie, in jedem Fall zu gestehen: Wenn Ihr Partner dichthält, erhalten Sie keine Haftstrafe statt einem Jahr; wenn Ihr Partner auch gesteht, drei statt fünf Jahre. Dasselbe gilt jedoch für Ihren Partner, sodass der Ausgang drei Jahre für beide ist, was ungünstiger als beiderseitiges Dichthalten mit Haftstrafen von jeweils einem Jahr ist.

Ein solcher stabiler Ausgang wird als Nashgleichgewicht bezeichnet, nach dem amerikanischen Mathematiker John Nash (geb. 1928), und die Untersuchung solcher Situationen wird Spieltheorie genannt. Eine Spielsituation weist ein Nashgleichgewicht auf, wenn jeder Spieler bei fixer Strategie seines Gegners sich nicht durch Wechseln der Strategie verbessern kann. Hier ist (Gestehen, Gestehen) ein Nashgleichgewicht: Sie würden beim Ändern Ihrer Strategie auf „Dichthalten" ihre Haftstrafe auf 5 Jahre erhöhen. Das Gleiche gilt für Ihren Partner. Das Dilemma liegt darin, dass jeder die für sich beste Strategie (Gestehen) wählt und dadurch insgesamt ein schlechteres Ergebnis erzielt wird. Praktische Beispiele aus dem gesellschaftlichen Alltag wären ein Preiskrieg zwischen zwei Konkurrenten, der Rüstungswettlauf oder das Einführen von Kläranlagen für einen Fluss. In jedem Fall wäre Kooperation die beste Lösung, allerdings nur, wenn sich der Gegenüber darauf einlässt.

Man wird ein einmaliges Spiel ohne weitere Konsequenzen der Wahl in der Realität eher selten finden. Ein Einbrecher ist von seinen Komplizen abhängig, und Gestehen oder „Singen" wird bekanntlich in Verbrecherkreisen wenig geschätzt. Die Mafia hat zur Verhinderung von Geständnissen das berühmte Gesetz der „Omerta", des Schweigens, eingeführt. Hier ist die Rache nach einem Geständnis schlimmer als jeder Vorteil nützlich wäre, den man dadurch erhalten könnte. Auch

Firmen oder Staaten haben einen Ruf zu verlieren, bilaterale Beziehungen zu pflegen und für ein positives Klima zu sorgen. In der Politik ist beispielsweise die Vergabe von Staatsaufträgen ein beliebtes Mittel, um kooperatives Verhalten zu belohnen und „destruktive Taktiken" zu bestrafen. Häufig wird auch privater Handel durch staatliche Stellen bei „befreundeten" Staaten aktiv unterstützt.

Daher wird das wiederholte Gefangenendilemma untersucht, in dem ein derartiges Spiel mehr als einmal hintereinander gespielt wird. Robert Axelrod untersuchte in seinem Buch *The Evolution of Cooperation* (1984), welche Strategien dabei besonders erfolgreich sind. Die ersten Versuche fanden zwischen realen Personen statt, später verwendete man Computerprogramme, die festgelegte Strategien verfolgten. Dabei wurden unterschiedlich komplexe Algorithmen oder Verhaltensprogramme verwendet, die mehr oder weniger kooperativ oder egoistisch waren und sich mehr oder weniger am Verhalten des Gegenübers orientierten oder feste bzw. zufällige Strategien verfolgten.

Axelrod fand heraus, dass kooperativere Strategien auf die Dauer erfolgreicher als egoistische waren. Sie mussten folgende Eigenschaften haben („singen" wird im Folgenden als *abweichen* bezeichnet):

- *freundlich:* Eine Strategie sollte nicht abweichen, wenn das Gegenüber nicht abweicht;
- *rächend:* Wenn das Gegenüber abweicht, sollte man auch abweichen;
- *nicht nachtragend:* Wenn der Gegner nach Abweichungen wieder kooperiert, sollte man auch kooperieren;

■ *nicht neidisch:* Man sollte nicht versuchen, mehr Punkte als das Gegenüber zu erhalten (freundliche Strategien sind nie neidisch).

Die erfolgreichste Strategie war zugleich auch die einfachste: bei „Tit-For-Tat" (englisch für „wie du mir, so ich dir") beginnt man mit Kooperation und reagiert dann auf die Handlungen der Gegner: wenn er kooperiert, so kooperiert man auch, wenn er abweicht, weicht man auch ab. Als noch ein wenig erfolgreicher stellte sich später Tit-For-Tat mit einer kleinen Kooperationswahrscheinlichkeit von 1 % bis 5 % heraus. Sie konnte sich aus einem Teufelskreis von Abweichen–Abweichen lösen. Sie war besonders erfolgreich, wenn das Spiel mit gestörter Kommunikation gespielt wurde, also der Gegner den Spielzug falsch übermittelt bekam. Der Erfolg kooperativer Strategien wurde auch als Erklärung für im Lichte des Darwinismus bis dahin unverständliches Verhalten, wie Altruismus und soziales Verhalten, in der Biologie verwendet.

Wenn man die Anzahl der Spiele festlegt, so ergibt sich derselbe Effekt wie im Kapitel „Stegreifaufgabe". Im letzten Spiel lohnt es sich nicht, zu kooperieren; im vorletzten Spiel dann ebenfalls nicht, da die Strategie für das letzte Spiel feststeht. Daher verwendet man eine zufällige Anzahl von Spielen bei der Suche nach einer Strategie, die darauf abzielt, die paradoxe Situation des *Gefangenendilemmas* theoretisch zu überwinden.

III.

Logische Paradoxien und Antinomien

Der Wald vor lauter Bäumen

Häufig gerät man in Widersprüche, wenn man Alltagsbegriffe mit Mathematik verbindet. Nehmen Sie den Begriff des Haufens. Im Keller eines Hauses in Irland liegt ein Haufen Kartoffeln, noch genau 271 Stück. Jede Woche verkocht der irische Bauer davon 30 Stück, bis er nach acht Wochen nur noch 31 hat. Von diesem „Häufchen" verkocht er nun wöchentlich nur noch fünf Kartoffeln; an anderen Tagen gibt es Nudeln. Nach weiteren fünf Wochen hat er noch „eine Hand voll" Kartoffeln, sechs Stück, übrig, und nach einer weiteren Woche nur noch eine.

Wann hat der Haufen aufgehört, Haufen zu sein und angefangen, „Häufchen", „eine Hand voll" und schließlich eine einzelne Kartoffel zu werden?

Das Problem solcher Benennungen, das hier mit dem so genannten *Paradox des Haufens* angesprochen ist, wird heute noch erforscht und läuft unter dem Namen „Vagheit" (engl. Vagueness) durch philosophische Diskussionen. Viele oft verwendete Begriffe sind ebenfalls vage. Wann ist beispielsweise ein Licht nicht mehr rot, sondern orange? Was ist ein Treffen, eine Versammlung oder eine Massenveranstaltung?

Im normalen Wortsinn von „Haufen" ist das Problem nicht zu lösen, denn 271 Kartoffeln sind wohl für jeden ein Haufen, während vier, drei, zwei oder eine Kartoffel von kaum jemandem als Haufen bezeichnet würden. Irgendwo dazwischen hat der Haufen aufgehört, ein Haufen zu sein, ob allerdings bei 60, 20 oder acht Kartoffeln lässt sich nur willkürlich feststellen. Es hängt wohl auch von der Größe der Gegenstände ab: Ein Haufen Zementsäcke könnte aus sechs Säcken bestehen, während ein Haufen Kies von sechs Körnern eher eine Hand voll ist. Für die Mathematik und Logik ist dies allerdings kein Problem. Mathematiker nehmen häufig Wörter aus der Alltagssprache und geben ihnen einen „extremen" Sinn, mit dem Zweck, ihre formalen Gebilde, Definitionen und Sätze widerspruchsfrei zu halten. Beispielsweise ist eine Gerade die kürzeste Verbindung zweier Punkte. Was aber, wenn beide Punkte gleich sind? Dann hat man eine „degenerierte" Gerade, einen Punkt. Dies ist zwar ein Affront an das Sprachgefühl, enthebt jedoch von der Notwendigkeit, vor alle Aussagen über Geraden den Zusatz zu stellen „seien zwei *unterschiedliche* Punkte gegeben". Man kann sich kürzer fassen.

So könnte ein Mathematiker definieren, ein Haufen sei eine Menge mit „mindestens einem Element". Dann kann man einem Haufen beliebig Kartoffeln hinzufügen oder wegnehmen, ohne je einen Nicht-Haufen zu bekommen. In der Praxis, im Recht, wird, wenn möglich, ein Grenzwert für relevante Entscheidungen festgelegt. Dieser ist willkürlich, ermöglicht aber dann exakte Entscheidungen. So wurde beispielsweise entschieden, zehn Gramm Marihuana seien die Obergrenze für den „Eigengebrauch" – eine klare Willkürentscheidung (die genaue Menge ist von Bundesland zu Bundesland unterschiedlich). Allerdings wird wohl jeder zugeben, ein Gramm sei eine Menge eher für den Eigenverbrauch, während ein Kilogramm zur „gewerblichen" Nutzung zu zählen ist. Es gibt Hunderte von Grenzwerten, die, angeleitet von wissenschaftlichen Untersuchungen, vage Begriffe präzisieren.

Andererseits braucht man für den normalen Sprachgebrauch vage Begriffe, und die präzisen Begriffe der Mathematik sind oft sogar störend. Erstens ist Genauigkeit oft unnötig und mühsam. Man könnte etwa Rezepte angeben mit „2500 Körnern Reis", aber „eine Tasse" ist viel praktischer. Die mathematische Definition von Menge etwa schließt die leere Menge mit ein. Wenn sie aber darüber reden, „eine geringe Menge" Raucher reiche, um einen Raum zu verräuchern, schließen sie, anders als oft in der Mathematik, „kein Raucher" aus.

Seit Wittgenstein gibt es eine linguistische Philosophie, die davon ausgeht, alle Begriffe seien durch ihren Gebrauch im „Sprachspiel", dem alltäglichen Umgang mit ihnen, definiert. Von dieser Warte aus gesehen wären alle Begriffe vage und unterschieden sich nur durch den Grad der Vagheit: Mathematische oder physikalische Begriffe wären nur weniger vage als Alltagsbegriffe, es gäbe aber keinen prinzipiellen Unterschied. Die Mehrheit der Philosophen geht aber davon aus, dass es prinzipielle Unterschiede zwischen Begriffen wie „Hand voll" und mathematischen Gegenständen, wie Zahlen, gibt. Dieser Unterschied macht das Paradox erst voll wirksam.

Gebrauchtes Boot, praktisch neu

Ein weiteres Beispiel von paradoxen Begriffen, etwas anders gelagert, ist das Paradox des *Schiffes des Theseus*. Plutarch, Biograph berühmter Griechen und Römer, schrieb in seinem Leben des Theseus:

> Das Schiff, in dem Theseus und die Jugend Athens zurückge-
> kehrt waren, hatte dreißig Planken und wurde von den Athe-
> nern bis in die Zeit von Demetrius Phalereus aufbewahrt.
> Man ersetzte nämlich alte Planken durch neue, stärkere, so-
> dass das Schiff bald ein beliebtes Beispiel bei den Philosophen
> wurde zur logischen Frage nach Dingen, die sich verändern
> – die einen behaupteten, das Schiff bliebe das gleiche, die an-
> deren, es verändere sich.

Wann also hörte das Schiff auf, Schiff des Theseus zu sein, und wann begann es, wenn überhaupt, ein anderes zu werden? Um die Situation noch zu verkomplizieren, könnte man die alten Planken lagern und zu einem neuen Schiff zusammen-bauen. Welches wäre dann das Schiff des Theseus, das alte oder das neue?

Man kann als eine Definition für Gleichheit fordern, zwei Dinge wären gleich, wenn sie in jedem ihrer Teile gleich sind. Somit wäre das ausgestellte Schiff nach dem Tausch einer Planke nicht mehr das „Schiff des Theseus", sondern das andere. Diese Definition ist nicht widersprüchlich, führt aber zu der Folgerung, fast nichts bliebe gleich. Etwa eine Pflanze, die wächst, ein Tier, das durch Stoffwechsel überlebt, aber auch ein Berg, der erodiert, selbst ein Buch, das Staub fängt, wäre nicht mehr dasselbe. Diese Auffassung vertrat in der Antike Heraklit, dessen Philosophie man mit „alles ist Veränderung" umschreiben kann. Er hatte den Satz geprägt, man könnte nicht „zweimal in den gleichen Fluss steigen". Der Grund wäre, dass das Wasser sich ständig ändert – so auch der Fluss, der aus dem Wasser besteht. Diese Metapher sollte auch für die Veränderung aller anderen Dinge gelten.

Um dem Paradox zu entgehen, könnte man auch die Definition eines Gegenstandes durch seine raum-zeitliche Kontinuität ersetzen. In diesem Fall wäre das ausgestellte Schiff das des Theseus, da es in einem raum-zeitlichen Kontinuum ausgestellt wurde. Ähnliches kann auch vom Menschen gesagt werden – schließlich werden täglich Tausende von Zellen im Körper durch andere ersetzt, und im Laufe des Lebens bleibt kaum eine der ursprünglichen Zellen übrig. Allerdings ergeben sich hier auch Schwierigkeiten: Tauscht man alle Planken zugleich aus, würde man nicht mehr vom gleichen Schiff sprechen, auch wenn das Endergebnis das gleiche wäre, wie wenn man sie einzeln getauscht hätte. Ist zum Beispiel ein Fahrrad, an dem eine Schraube abgefallen ist, nicht mehr dasselbe Fahrrad? Schließlich liegt die Schraube weitab im Straßengraben – wenn man sie wieder anbaut, ist das Fahrrad zwar wieder komplett, aber die Kontinuität ist verschwunden.

Genaue Bestimmungen „zusammengesetzter" Gegenstände hat oft etwas Willkürliches. So wird wohl jeder zu einem

Schiff dessen Rumpf zählen. Ob jedoch vom Beiboot über die Flagge bis zum Teeservice eine genaue Einteilung in „zum Schiff gehörig" und „nicht zum Schiff gehörig" möglich ist, bleibt fraglich. Und wie soll man beispielsweise die neu aufgebaute Dresdner Frauenkirche bezeichnen, die keinerlei Kontinuität mit dem alten Bau hat: der wurde in der DDR-Zeit abgerissen. Man könnte sagen, der heutige Bau hat noch am meisten Kontinuität, denn es wurde genau darauf geachtet, vorhandenes altes Steinmaterial zu verwenden, Pläne und Materialien möglichst genau zu kopieren und so eine möglichst exakte Kopie des alten Baues zu schaffen. Trotzdem würde man wohl diesen Bau an einem anderen Bauplatz nicht mehr „die" Frauenkirche, sondern einen Nachbau nennen. Für Gebäude ist der Baugrund offensichtlich sehr wichtig. Benennungsprobleme dürfte auch ein Neubau des Berliner Stadtschlosses mit sich bringen. Auch hier würde wohl der Baugrund den Ausschlag geben, selbst wenn der Baukörper innen funktional neu gestaltet wird, nicht zuletzt, weil „Schloss" ein kürzerer Ausdruck als „Schlossneubau", „Geschäftszentrum mit Schlossfassade" oder „Multifunktionscenter mit historischem Flair" ist.

Zum Thema der Identität hat auch der Philosoph Gottfried Wilhelm Leibniz beigetragen. Er erdachte das Prinzip, dass zwei Dinge, die in allen Eigenschaften gleich sind, auch identisch sind. Kommt man zur Auffassung, dass das ausgestellte Schiff in allen Eigenschaften mit dem des Theseus übereinstimmt, so sind sie identisch. Allerdings lässt sich auch dieses Prinzip auf reale Fälle nur ungefähr anwenden. Betrachtet man den momentanen Ort und Zeitpunkt auch als Eigenschaften, so gibt es kaum Dinge, die in allen Eigenschaften übereinstimmen – schließlich kann an einem Ort nur ein Gegenstand zugleich sein.

Doch selbst ohne raum-zeitliche Koordinate ist das Prinzip in der Praxis schwer anzuwenden, da etwa ein Baum der gleiche bleibt, obwohl sich manche seiner Eigenschaften ändern, etwa die Höhe oder Anzahl der Äste. Versteht man unter Eigenschaften auch „besitzt … als Teil", so fällt der Ansatz mit dem ersten zusammen; etwas, das in allen Teilen gleich ist, sollte auch gleiche Eigenschaften haben.

In der Mathematik ist ein mit dem Leibnizschen verwandter Ansatz allerdings einer der üblichsten. Man bezeichnet nämlich oft eine Klasse von Gegenständen mit einem Namen, z.B. *Vektorraum*, die alle die gleichen Eigenschaften haben. Man kann dann über sie als Gesamtheit Theorien aufstellen, die man auf jedes einzelne Mitglied anwenden kann. Weiß ich etwa, dass eine Ebene im Raum oder eine Gruppe von Funktionen ein Vektorraum ist, kann ich die Theorie der Vektorräume auf sie anwenden. In der Fachsprache wird das „Benutzung eines Werkzeugs" genannt.

Im Normalleben gibt es diese Probleme nur bedingt, und so ist es umso überraschender, dass es eine direkte Umsetzung des „Schiffs des Theseus" gibt. In der Flugzeug- und Autobranche gibt es Seriennummern und Regeln, wann ein Flugzeug oder Auto als dasselbe gelten kann. Man legte fest, dass beim Flugzeug das linke Seitenruder für die Identität zuständig ist. Wenn dies erhalten bleibt, kann das Flugzeug wieder aufgebaut werden. Unter Umständen kann es dann auch ausgetauscht werden. Beim Auto ist die Seriennummer an ver-

schiedenen Teilen des Wagens montiert, und es gibt häufig
Betrugsfälle, wo durch Übertrag oder Änderung der Nummer
ein Wagen eine neue Identität bekommt. Beide Methoden
beruhen also auf der Kontinuität einzelner Teile, nicht der
raum-zeitlichen.

In der Wissenschaft und Technik ist man von solchen Problemen weitgehend verschont. Moleküle, Atome und Elementarteilchen sind relativ genau zu beschreibende Gegenstände,
die sich gut durch die Formel „gleich, wenn aus gleichen Teilen" beschreiben lässt. Zwar gleicht ein Wassermolekül dem
anderen, aber ein und dasselbe besteht immer aus den identi-
schen zwei Wasserstoff- und einem Sauerstoffatom. Hätten
diese Seriennummern, so könnte man das Molekül durch diese Nummern identifizieren. Das Paradox tritt also erst bei Begriffen auf einem höheren Level auf, wie Gegenstände, Lebewesen oder benannte Orte.

Eine Welt
voller Nichtelefanten

Der deutsche Philosoph Carl Gustav Hempel hat in den vierziger Jahren ein Paradox zu Nichtelefanten, das *Rabenparadox*, erfunden. Er beschrieb einen Ornithologen, der nach Beobachtung Dutzender Raben zu dem Schluss gekommen war, *alle Raben sind schwarz*. Jedes Mal, wenn er einen neuen schwarzen Raben sah, nahm er das als Bestätigung dafür, dass seine Behauptung stimmte. Nun argumentierte Hempel, dass man ebenso gut – äquivalent – sagen könne, dass alles Nicht-Schwarze kein Rabe sei. So könnte man behaupten,

Jedes gelbe Auto hilft zu beweisen, dass alle Raben schwarz sind,

was auch als Hempels Paradox bekannt ist.

Den Spruch aus der Überschrift hat angeblich ein berühmter polnischer Mathematiker, Stanislaw Ulam (1909–1986), erfunden, der bemerkte, die „Zoologie sei im Wesentlichen die Beschreibung von Nichtelefanten". Dieser Witz zielt darauf ab, dass man sich in der Wissenschaft – wie im Alltag – fast nur mit existierenden Größen beschäftigt. Redet man von Fehlendem, so meist von etwas, das entweder schon mal da war (der Rechen fürs Laub) oder fest geplant (die ausgefallene Jubiläumsparty). Selten redet man von etwas, das nie vorhanden war, nie geplant war oder diskutiert wurde. Man könnte wohl

vom Museum für Schwarzwild im Englischen Garten sprechen – die Umwelt würde das jedoch als Übermaß von Phantasie oder gar mangelnder geistiger Gesundheit interpretieren,
da sich der Gesprächspartner ein solches Museum offensichtlich gerade ausgedacht hat.

Es gab im letzten Jahrhundert eine Debatte, die von dem bri-
tischen Philosophen Bertrand Russell ausgelöst wurde (siehe
auch das Kapitel *Unrasierte Spanier* (S. 150) über das *Russellsche
Paradox*), der sich fragte, wie man mit solchen „konterfaktischen Größen" umgehen sollte. Inwieweit könnte eine Aussage über einen nicht existierenden Gegenstand – sein Beispiel
war der gegenwärtige König von Frankreich – wahr oder
falsch sein? Wie kann man entscheiden, ob eine Aussage wie
„der gegenwärtige König von Frankreich hat eine Glatze" zu-
trifft? Man kann sich ja nicht, wie bei Aussagen über existie-
rende Gegenstände oder Personen, durch Augenschein oder
andere Untersuchungen und Messungen davon überzeugen,
ob die Aussage der Wahrheit entspricht. Man konnte die Frage
empirisch nicht entscheiden, denn die Franzosen haben die
Monarchie bekanntlich schon seit langer Zeit abgeschafft.

Russell wandte sich dagegen, solche Aussagen als unsinnig
oder unentscheidbar zu bezeichnen. Sie ist weder unsinnig –
sie ist sogar leicht verständlich – noch ist sie (prinzipiell) unentscheidbar. Wenn es einen gegenwärtigen König von Frankreich gäbe, der auch noch wenig Haupthaar besäße, so wäre sie
wahr.

Seine Lösung bestand darin, die Bezeichnung „gegenwärtiger
König von Frankreich" in eine Eigenschaft umzumünzen. So

meinte er, man sollte den Satz so verstehen, wie „Es gibt einen Mann, der gegenwärtiger König von Frankreich ist und eine Glatze hat". Das ist nun glücklicherweise einfach falsch. Es gibt keinen solchen Mann, also: Was auch immer der zweite Teil des Satzes aussagt, er ist insgesamt falsch. Ähnlich könnte man auch in der Alltagssprache reagieren. Wird man etwa gefragt „hat dein roter Ford einen CD-Wechsler?", und sie hätten gar keinen roten Ford, so würden Sie vielleicht sagen „nein, ich habe keinen Ford". Allerdings wäre auch „Wie bitte? Ich habe keinen Ford" möglich, was andeuten würde, die Frage wäre in Ihren Augen purer Unsinn. Die Antworten „keine Ahnung, ich habe keinen Ford" (unbestimmt) oder „ja, ich habe keinen Ford" (wahr) erscheinen unplausibler. Die Russellsche Konstruktion ist also mit der Alltagssprache gut im Einklang.

Von Dingen, die einmal angenommen wurden, sich dann aber nicht bestätigt haben, redet man jedoch häufig. So werden viele Vorstellungen des Mittelalters heute als Aberglauben abgetan. Ganze Heerscharen von Geistern, Hexen, Zauberern und Wunderheilern vollbrachten Dinge, von denen man heute annimmt, dass sie Fiktion sind, also nicht existent. Sagt man beispielsweise „es gibt keine Hexen", so redet man genau von konterfaktischen Größen – man behauptet von einer Sache, sie existiere nicht. Lässt sich eine solche Nicht-Existenz aber beweisen?

In der klassischen und mathematischen Logik sind eine Aussage und ihre Verneinung gleich gestellt. Man nehme beispielsweise die Aussage: „Schneidet man zwei parallele Geraden mit einer dritten, so ergänzen sich die Winkel zu 180°":

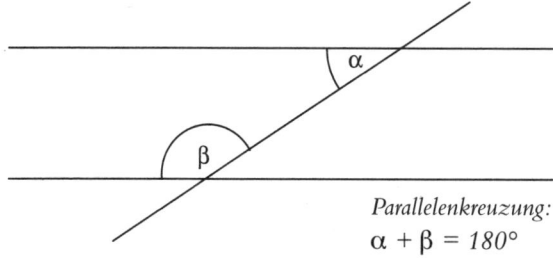

Parallelenkreuzung:
$$\alpha + \beta = 180°$$

Dieser Satz ist äquivalent zu: „Ergänzen sich die Winkel zweier Geraden und einer Schnittgeraden *nicht* zu 180°, sind die Geraden *nicht* parallel". Die zweite Aussage ist die Umkehrung der ersten, und beide sind gleich aussagekräftig, mathematisch gleichwertig. Häufig wird ein Beweis erbracht, indem man die Folgerung verneint und dann zeigt, dass dann die Voraussetzungen falsch sein müssen – dies ist der Widerspruchsbeweis, den wir schon von Zenons Paradoxien kennen.

In der Mathematik werden solche Umwandlungen unter dem Titel Aussagenlogik geführt. Man bezeichnet die Aussagen, Sätze über mathematische Gegenstände, mit Großbuchstaben oder Kombinationen von ihnen: A, B, P R. Dann benötigt man noch einige Symbole, um die häufig verwendeten logischen Verbindungen zu beschreiben, wie etwa ¬ für „nicht", ∧ für „und" und → für „impliziert". Man kann sich fragen, warum es sich lohnt, die Alltagssprache durch ein Fachchinesisch mit zig neuen Zeichen zu ersetzen. Zum einen merkte man, dass man gar nicht so viele verschiedene Zeichen brauchte! Es waren gar nicht Hunderte oder Tausende von Zeichen nötig, sondern die Mathematik ließ sich mit einer Hand voll Symbolen formalisieren. Diese Entdeckung Anfang des letzten

Jahrhunderts war für die Mathematiker sehr faszinierend: Es erschien möglich, mathematisch-logisches Denken völlig in ein formales System, quasi ein Mega-Computerprogramm zu überführen. Alles, was man dann tun müsste, wäre, die Regeln zu befolgen, und man könnte so die bekannte wie die noch unbekannte Mathematik „berechnen". Diese Vorstellung wurde erst durch die berühmten Gödelschen Unvollständigkeitssätze zerstört.

Was die Sätze nicht zerstörten, war die Möglichkeit, mathematische Formeln und Ableitungen in einer Symbolsprache zu beschreiben. Wie schon gesagt, genügt ein relativ kleines Arsenal von Symbolen und Regeln, um die ganze heutige Mathematik damit zu beschreiben. Ein bekanntes System ist das Zermelo-Fraenkelsche System der Mengenlehre, das zusammen mit dem so genannten „Auswahlaxiom" als Basis der Mengenlehre und damit der gesamten bekannten Mathematik verwendet werden kann.

Wenn es nun eine solche „Computersprache" für Mathematik gibt, warum macht dann der Mensch noch Mathematik? Schließlich berechnet er auch nicht mehr die Statik einer Brücke von Hand, wie vielleicht vor 150 Jahren, sondern überlässt das Elektronenhirnen. Mathematik macht zwar (manchen/manchmal) Spaß, jedoch rechtfertigt das all die Fakultäten an den Universitäten, all die Forschungsinstitute oder Mathelehrer an der Schule?

Der Grund liegt erstaunlicherweise doch in der mangelnden Leistungsfähigkeit der Rechner. Der Computer ist heute allgegenwärtig, und bei allen Erfolgsmeldungen und neuen Anwendungsgebieten scheint es, als könne man jedes denkbare Problem auch berechnen. Es gibt aber in Wirklichkeit eine Vielzahl von Problemen, die von Natur aus für Computer schwer anzugehen sind. Nehmen Sie an, Sie wollen die optimale Route für einen Paketdienst (*Post Express*) berechnen. Bei jeder Fahrt hat der Fahrer eine Anzahl Paketlieferungen dabei, sagen wir zehn Stück, die an zehn verschiedene Adressen verteilt werden. Zwischen den Adressen liegen Wegstrecken, die man etwa einem Stadtplaner entnimmt (in der nachstehenden Abbildung werden nicht alle Strecken angezeigt, nur eine Auswahl):

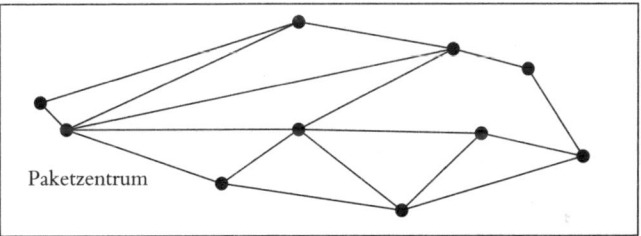

Nun soll der Rechner ermitteln, welche Strecke die schnellste ist; das Problem wird in der Literatur als *Travelling Salesman Problem* bezeichnet. Eine erste, und nicht sehr effiziente, Methode wäre es, alle Strecken auszurechnen und die kürzeste zu verwenden. Was passiert nun, wenn einen neue Adresse dazukommt? Von jeder Adresse hat man nun eine Verbindung zu dieser neuen Adresse, es kommen also zehn Verbindungen hinzu. Die Menge der möglichen Verbindungen ist für N Adressen gleich N!, gesprochen „N Fakultät"[18]. Mittels verfeinerter Methoden kann man dies auf weniger als $N^2 \times 2^N$ drücken. Was bedeuten diese Zahlen? Hier eine kleine Tabelle mit

der Zahl der Adressen, der Zahl möglicher Verbindungen und
der nötigen Rechenschritte:

Adressen	Wege	Rechnung	Adressen	Wege	Rechnung
1	1	2	11	39 916 800	247 808
2	2	16	12	$4,79 \times 10^{08}$	589 824
3	6	72	13	$6,23 \times 10^{09}$	1 384 448
4	24	256	14	$8,72 \times 10^{10}$	3 211 264
5	120	800	15	$1,31 \times 10^{12}$	7 372 800
6	720	2 304	20	$2,43 \times 10^{18}$	419 430 400
7	5 040	6 272	25	$1,55 \times 10^{25}$	20 971 520 000
8	40 320	16 384	30	$2,65 \times 10^{32}$	966 367 641 600
9	362 880	41 472	35	$1,03 \times 10^{40}$	42 090 679 500 800
10	3 628 800	102 400	40	$8,16 \times 10^{47}$	1 759 218 604 441 600

Wie man sieht, ist das Problem schon bei 40 Adressen nicht
mehr mit reiner Rechenpower zu lösen,[19] da man über eine
Billion Rechenschritte benötigte, was schon einen Supercom-
puter voraussetzt. 400 Adressen kann keine heutige Maschine
mehr bewältigen.

---

[18] Zu erklären ist das folgendermaßen: Vom Paketzentrum aus hat man N Möglichkeiten, zu einer Adresse zu fahren. Von dort aus N-1, insgesamt also
N x (N-1). Dann (N-2) usw., bis man zuletzt nur noch eine Möglichkeit übrig
hat: N x (N-1) x … x 2 x 1, oder kurz N!

[19] Da das Problem theoretisch wie praktisch von großer Bedeutung ist, hat man
viele Möglichkeiten und Algorithmen erfunden, um das Problem in ver-
schiedener Weise abzuschwächen und so die Kosten (die Anzahl der Rechenschritte) der Berechnung zu verringern. Man gibt jedoch das sichere Erreichen der besten Lösung damit auf.

Beim computergestützten Berechnen von Formeln und Ableitungen hat man nun ein ähnliches Problem. Mit jedem Beweisschritt, um den ein Beweis länger wird, wächst die benötigte Rechenleistung um einen Faktor, die gesamte benötigte Leistung also (mindestens) exponentiell. Daher wird, ähnlich wie beim *Travelling Salesman,* eine Berechnung schon bei wenigen Zig Schritten unmöglich. In diesem Feld hat die menschliche Kreativität noch ihre Vormacht inne[20]. Abgesehen von diesen prinzipiellen Hürden müsste man auch die verschiedenen Gebiete der Mathematik auf eine einheitliche formelle Grundlage stellen, was bei der Vielzahl der Spezialgebiete kein leichtes Unterfangen ist. Bevor sie zur Abgabe eines Referates oder einer Facharbeit in Mathematik einfach den „Mathe-Löser" aufrufen, der ihnen eine Lösung ausspuckt, wird wohl noch einige Zeit vergehen.

Zurück zu den sich schneidenden Geraden. Rein formal gesehen könnten wir die erste Aussage aufschreiben als

$$P \rightarrow WS,$$

wobei P die Aussage „die Geraden sind parallel" ist und WS die Aussage „die Winkel summieren sich zu 180°". Nun erhält man, nach einer der Regeln für die Bearbeitung von logischen Formeln, eine andere Formel, die zu dieser äquivalent ist:

$$\neg WS \rightarrow \neg P,$$

---

[20] Die Erklärung bisher ging von einem heute üblichen deterministischen Computer aus. Es ist theoretisch möglich, mit „Quantencomputern" zu rechnen, bei denen die Rechenmöglichkeiten exponentiell steigen. Sie befinden sich aber bisher erst im experimentellen Stadium.

oder in Worten „summieren sich die Winkel nicht zu 180°"
($\neg$WS), so „sind die Geraden nicht parallel" ($\neg$P). Diese Um-
formung ist, wie oben erklärt, rein formal-mechanisch möglich und auch von einem Rechner zu bewältigen.

Nun also wieder zurück zu Hempels Rabenparadox, dass gelbe Autos beweisen, alle Raben seien schwarz.
Intuitiv gesehen sollte ein gelbes Auto gar nichts über die
Farbe von Raben aussagen. Dass die Argumentation auch außerhalb der Mathematik greifen kann, zeigt das Beispiel der
Spielkarten. Die Behauptung, „alle Pik-Karten sind schwarz"
lässt sich sehr wohl beweisen durch die Untersuchung aller
nicht-schwarzen Karten. Hat man sie alle durch, und keine
Pik darunter gefunden, so müssen alle Pik-Karten schwarz
sein. Manche Aussagen, dass etwas nicht existiert, kann man
nur so beweisen. „Das Kartenspiel enthält keine Joker" kann
nur durch Finden von einem Satz Nicht-Jokern bewiesen
werden. Im Normalfall hat man jedoch keine klar abgegrenz-
te, endliche Anzahl von Untersuchungsgegenständen.

Wie lassen sich überhaupt wissenschaftliche Thesen begrün-
den oder widerlegen? Hier spielt noch eine andere Geschichte hinein, die seit David Hume (ein englischer Philosoph des
18. Jahrhunderts) und bis heute in der Diskussion über wissenschaftliche Beweisbarkeit eine Rolle spielt, das Induktions-
problem (diese (empirische) Induktion ist nicht zu verwech-
seln mit der mathematischen). Hume behauptete, selbst die
Beobachtung von schwarzen Raben könne nicht zum Beweis
der Behauptung beitragen.

Nehmen wir zur Illustration an, sie hätten eine große Sammlung alter Postkarten, die sie sich mit einem Gast bei dessen

Besuch ansehen. Ihr Gast, der schon einmal Ferien auf den Malediven gemacht hat, wettet mit Ihnen, dass sie eine Postkarte dieses Landes besitzen (die These). Sie wetten dagegen – sie verfügen zwar über eine immense Menge Karten, meinen sie aber zu kennen und sind sich sicher, dass keine Karte von den Malediven dabei ist. Sie beginnen ihre Sammlung zu durchstöbern. Bei jeder Karte, die sie aufdecken, die nicht von den Malediven ist, meint ihr Besuch „das beweist noch lange nichts, such weiter". Es gäbe sowieso nur höchstens eine oder zwei Karten von dort in der Sammlung, ein Aufdecken von Karten, die nicht von den Malediven sind, sei kein Anhaltspunkt dafür, ob es noch Karten von dort gäbe oder nicht. Sie halten dagegen, je länger sie aufdeckten, desto wahrscheinlicher wäre es, dass es keine Karte von dort gäbe.

Die Ansicht Ihres Besuchs war auch die von Hume: Eine (notwendigerweise endliche) Anzahl von Beobachtungen kann keine Universalaussage stützen. Er kam daraufhin zu dem paradoxen Schluss, man könne überhaupt kein gesichertes empirisches Wissen haben. Das Problem ist seither unter den Stichworten Erkenntnistheorie und Wissenschaftstheorie weiter diskutiert worden, unter anderem von Immanuel Kant. Heute gibt es zwei vorherrschende Meinungen in der Wissenschaftstheorie, ob empirische Untersuchungen eine These stützen oder nicht. Die erste ist die, bekannt vor allem durch den österreichischen Philosophen Karl Popper, eine Theorie könne gar nicht bestätigt, sondern nur widerlegt oder „falsifiziert" werden. Zwar gewänne eine Theorie an Glaubwürdigkeit, wenn sie über längere Zeit hinweg nicht falsifiziert würde, sie bliebe aber immer ein anzuzweifelnde Aussage. Der Ausdruck „Theorie" für naturwissenschaftliche Gesetze spiegelt diese Auffassung wieder. Die Relativitätstheorie ist inzwischen durch Millionen von Messungen bestätigt worden, dennoch wird sie als Theorie bezeichnet und ist falsifizierbar. Nach Popper ist genau das die Eigenschaft einer wissenschaftlichen Behauptung oder Theorie im Gegensatz zu einem Glaubenssatz, dass sie im Prinzip falsifiziert, also widerlegt werden kann. Eine Aussage wie „Schönheit liegt im Auge des Betrachters" kann man wissenschaftlich nicht widerlegen, da „Schönheit" keine empirisch messbare Größe ist[21].

Im Einzelfall ist es schwierig zu entscheiden, ob eine These falsifizierbar ist. Manche physikalischen Theorien erfordern Teilchenbeschleuniger, deren Energiebedarf die unseres Sonnensystems oder gar des gesamten Universums übersteigen. Solche Theorien können nicht direkt widerlegt werden; oft werden sie trotzdem gestützt, weil sie andere, direkt beobachtbare Phänomene miterklären oder bisher getrennte Theorien vereinfachen und in einen Zusammenhang bringen. Sie werden wegen der Einfachheit der Erklärung geschätzt. Häufig, besonders in wirtschaftlichen, gesellschaftlichen oder psychologischen Zusammenhängen sind die Begriffe nicht scharf oder unumstritten genug, um sich auf Falsifizierbarkeit zu einigen. Die Methode der Falsifizierbarkeit ist auch die Linie ihres Besuches bei der Argumentation bei der Malediven-Postkarte. Solange die These „es gibt eine Postkarte von den Malediven" nicht falsifiziert ist, hat die Theorie seiner Meinung nach noch ihre volle Gültigkeit.

---

[21] Man könnte Aussagen über die Ansichten der Menschen über Schönheit machen, etwas durch eine Umfrage – dies würde aber nur die Meinungen der Menschen über Schönheit wiedergeben.

Der Ansatz der Falsifizierbarkeit besticht durch seine Einfachheit und universelle Anwendbarkeit; trotzdem ist er auf Kritik gestoßen. Viele Gesetze sind ja schon seit Jahrhunderten bekannt, immer wieder bestätigt und fester Bestandteil der Technik alltäglicher Gegenstände. Warum sollte man sie nicht als bestätigt annehmen und als „Gesetze" der Natur bezeichnen? Zwar werden sie immer weiter verfeinert, manchmal durch genauere, fundamentalere Theorien abgelöst. Sie bleiben jedoch richtig in ihrer Domäne, und das seit Jahrhunderten. Die Gleichungen von Newton für die Anziehung von Körpern wurden durch die Relativitätstheorie nicht falsch, sondern blieben als Näherung der neuen Theorie korrekt[22].

Einzelne Beobachtungen können eine Theorie auch kaum „falsifizieren", vielmehr wird man den altbewährten Formeln mehr Glaubwürdigkeit schenken und einen Fehler im Messaufbau oder den Annahmen des Versuchs vermuten. Selbst eine gut belegte Anomalie wird die bisherigen Theorien nicht mit einem Schlag wertlos machen, sondern vielmehr die Suche nach Änderungen oder Erweiterungen anregen[23].

Aus diesen Gründen wurde eine Alternative zur Falsifizierbarkeit erdacht, die Bayessche oder wahrscheinlichkeitstheoretische Begründung. Man rückt gänzlich davon ab, Theorien als wahr oder falsch zu bezeichnen, sondern als wahrscheinlicher

---

[22] In dem bekannten Buch „Die Struktur wissenschaftlicher Revolutionen" beschreibt Thomas S. Kuhn, wie die vorherrschenden Theorien lange Zeit als Paradigmen anerkannt sind, um dann in einer wissenschaftlichen Revolution durch neue ersetzt zu werden. Dieser Vorgang wird seit Kuhns bahnbrechender Veröffentlichung als „Paradigmenwechsel" bezeichnet.

[23] Auch Popper nahm später an, häufig geprüfte Theorien hätten eine höhere Glaubwürdigkeit als selten geprüfte.

oder unwahrscheinlicher. Führt man nun eine Messung durch, die die Theorie nicht widerlegt, so steigt deren Wahrscheinlichkeit. Man hat so zwei Fliegen mit einer Klappe geschlagen: positive Ergebnisse steigern die Wahrscheinlichkeit einer Theorie, und man kann extrem wahrscheinliche Theorien beruhigt „Gesetze" nennen. Dies entspricht Ihrer Vorgehensweise bei der Kartensuche: je mehr Karten ohne Poststempel der Malediven auftaucht, desto wahrscheinlicher wird ihre Theorie. Bei dieser Theorie steigern jedoch nicht-schwarze Nicht-Raben die Wahrscheinlichkeit der Grundaussage nur wenig.

Der amerikanische Philosoph William Van Ornam Quine versuchte, dem Paradox nicht mit Wahrscheinlichkeiten, sondern extra eingeführten „natürlichen Typen" (*natural kinds*) zu begegnen. Er postulierte, nur bestimmte Arten von empirischen Nachweisen seien für den Beleg von Behauptungen zuzulassen. Beispiele dieser natürlichen Typen wären Tiergruppen, Mineralien oder Gruppen von Elementarteilchen; ihre zu untersuchenden Eigenschaften bezeichnete er als „projektible Prädikate" (*projectible predicates*). Ein solches Prädikat wäre zulässig, wenn es auf die anderen Mitglieder der Gruppe auszudehnen wäre

Eine Pointe liegt darin, dass es in dem Kartenbeispiel nur endlich viele Karten gibt, also bei genügend langer Suche das Ergebnis irgendwann feststeht. Wollte man etwa, analog zum Rabenparadox, beweisen, alle Postkarten aus Hawaii zeigten einen Sandstrand, würde man sich schlechterdings auf ein wohl unmögliches Unterfangen einlassen.

Eins, zwei, drei, viele

David Hilbert (1862–1943), ein berühmter Mathematiker aus Wehlau bei Königsberg, hat dieses Gedankenspiel erfunden. Jeder hat sich schon einmal mit dem Bepacken und Füllen von begrenzten Räumen auseinandersetzen müssen. Wenn sie mit Familie oder Freunden in die Ferien fahren, müssen alle Koffer in den Kofferraum. Dieses Problem ist übrigens schon an sich recht schwer und gehört zu den „anspruchsvollen" Problemen, wenn man es rechnerisch lösen will[24]. Ein Ober in einem Restaurant muss sehen, dass er für Gruppen von Personen die geeigneten Tische findet, und eine Rezeptionistin im Hotel muss Zimmerwünsche erfüllen: Gästen freie Zimmer zuteilen und eine möglichst hohe Auslastung der Zimmer garantieren. Auch das wird heute mit Unterstützung von Computern gelöst. Das optimale Belegen von freien Plätzen mit Anwärtern ist ein Hauptzweig für praktische wie theoretische Computerspezialisten und findet überall Anwendung, beispielsweise in der Logistik oder in der Telekommunikation.

Kommen wir nun zu Hilberts Hotel, das einen Unterschied zu den genannten Beispielen hat: Es hat unendlich viele Zimmer. Schon im ersten Kapitel kamen Paradoxien zu Stande, wenn man das Unendliche betrachtete: Zenons Schildkröte

---

[24] Das Problem wird als „NP-hard" oder „NP-complete" bezeichnet, das heißt, unter den Problemen, die mit einem Rechner in einer bestimmten Zeit zu lösen sind, fällt es unter eine besonders schwierige Klasse.

wanderte unendlich viele Streckenstücke vor Achill. Ein Hilbertsches Hotel bringt natürlich große praktische Probleme
mit sich. Sind die Zimmer z.B. alle gleich groß, muss das Gebäude riesig, ja unendlich groß sein. Wie soll man unendlich
viele Gäste in endlicher Zeit durch die Rezeption schleusen?
Wie kann man unendlich viele Fahrzeuge parken? usw. Offensichtlich handelt es sich um ein Gedankenexperiment.

Folgende Situation: Sie befinden sich in den Ferien auf einer
schottischen Insel. Das letzte Boot ist um 18 Uhr zurück ans
Festland gefahren, es ist 23 Uhr und sie stehen an der Rezeption des einzigen Hotels der Insel. Es hat 60 Zimmer, die alle
belegt sind. Die Situation ist ungemütlich: Sie müssen wohl in
der Putzkammer schlafen. Freundlicherweise erklärt sich der
Wirt bereit, sie auf einem Klappbett im Speisesaal übernach-
ten zu lassen.

Am nächsten Tag fahren sie mit der Fähre zu einer weiteren
Insel und stehen wieder vor dem Problem, kein Zimmer be-
stellt zu haben und kein freies vorzufinden: Das Hilbert-Hotel
ist ebenfalls voll belegt. Wie der Name schon sagt, handelt es
sich hier um das ominöse Hilbert-Hotel, das unendlich viele
Zimmer bereitstellt. Sie stehen an der Rezeption und fragen
die freundliche Dame wieder nach einem Klappbett. Sie bittet
um einen Augenblick Geduld und meint dann, dass wohl
doch die Möglichkeit bestehe, ein Zimmer frei zu machen. Sie
wenden ein, kein anderer Gast sollte sein Zimmer räumen
und für sie Platz machen. Aber die Rezeptionistin erklärt, jeder Gast bekäme ein neues Zimmer. Sie bekämen Zimmer 1.
Was aber wird mit dem Gast von Zimmer 1, Frau Arnold? Die
wird auf Zimmer 2 verlegt. Aber Zimmer 2 ist doch ebenfalls

belegt durch Herrn Bertram. Herr Bertram wird in Zimmer 3 verlegt. Was passiert dann mit dem Gast von Zimmer 3? Hören Sie, sagt die Rezeptionistin, jeder Gast wird um ein Zimmer weiter verlegt. Nun gut – ein ganz schöner Aufwand, aber jeder Gast bekommt ein neues Zimmer. Und das Zimmer 1 wird frei (diese Methode erinnert an den Spruch „ewig und drei Tage").

Schon Galileo wies auf solche Merkwürdigkeiten des Unendlichen hin. So hat jede Zahl genau eine Quadratzahl, und jede Quadratzahl genau eine Wurzel (gemeint sind Quadratzahlen ganzer Zahlen, also 4, 9, 16, 25…). Trotzdem gibt es scheinbar viel mehr Zahlen als Quadrate. Das gleiche Spiel kann man mit den geraden Zahlen spielen: Es gibt genauso viele gerade Zahlen, wie natürliche Zahlen, denn jede gerade Zahl hat genau eine halb so große Zahl, und jede natürliche Zahl genau ein doppeltes.

Daran anknüpfend könnte man sich jetzt einen „Hilbertschen Bus" vorstellen. Analog zum Hilbertschen Hotel hat er unendlich viele Sitzplätze. Wie man sich inzwischen denken kann, können auch die mit diesem Bus anreisenden unendlich vielen Neuankömmlinge aufgenommen werden: Man verlegt jetzt Gast 1 in Zimmer 2, Gast 2 in Zimmer 4, Gast 3 in Zimmer 6 usw. und macht so alle ungeraden Zimmer frei. Die neuen Gäste können so die Zimmer 1 (Neuankömmling 1), 3 (Neuankömmling 2), 5 (Neuankömmling 3) usw. belegen.

Schließlich wäre da noch etwas, das man „Hilbertsches Festival" nennen könnte: Zu diesem Anlass kommen unendlich viele Busladungen mit je unendlich vielen Gästen. Jetzt müss-

te das Hotel voll sein, könnte man denken. Man kann schließlich Gast 1 zum Beispiel in das Zimmer 5 verlegen, um so 4
neue Zimmer frei zu machen, nicht aber ins Zimmer „unendlich". Doch auch hier haben sich Mathematiker eine trickrei-
che Belegung ausgedacht, die auch zu Hilberts Zeiten erfunden wurde. Hier ist sie:

Gast Nr.	Hotel	Bus 1	Bus 2	Bus 3	Bus 4	Bus 5	...
1	Z 1	Z 2	Z 4	Z 7	Z 11	...	
2	Z 3	Z 5	Z 8	Z 12	...		
3	Z 6	Z 9	Z 13	...			
4	Z 10	Z 14	...				
5	Z 15	...					
6	...						

Wie man sieht, bekommt jeder Gast schließlich ein Zimmer.
Wenn eine Diagonale voll belegt ist, fängt man eine neue an,
und zwar mit jeweils einem Bus mehr[25].

Es gibt noch eine andere elegante Möglichkeit, die ganzen
Zahlen in unendlich viele Teilmengen mit je unendlich vielen
Zahlen aufzuteilen. Hierzu nimmt man zuerst die Menge der
Primzahlen p und nummeriert sie[26]. So ist 2 die erste Primzahl, 3 die zweite, 5 die dritte usw. Jeder Bus bekommt jetzt
seine Nummer als Primzahl zugeordnet, also Bus 1 die 2, Bus
2 die 3, Bus 3 die 5 usw. Dann gibt man dem n-ten Gast als

---

[25] Diese Art Verfahren nennt man *Diagonalverfahren*. Ein Formel, welches Zimmer Gast m von Bus n erhält (das Hotel wird zu "Bus 0"), ist gegeben durch
$G(m, n) = \sum_{i=1...n} i + (m-1)(n+2) + 2$. Das Symbol $\sum_{i=1...n}$ bedeutet eine
Summe mit n Summanden, in denen i nacheinander die Werte 1, 2, 3 bis n
annimmt.

[26] Primzahlen sind Zahlen, die sich nur durch 1 und sich selbst teilen lassen. Die
ersten Primzahlen sind 2, 3, 5, 7, 11, 13, und seit Euklid ist bewiesen, dass es
unendlich viele davon gibt.

Zimmernummer die Zahl, die sich durch n-faches Malnehmen seiner Bus-Primzahl p mit sich selbst ergibt. Für den
vierten Gast des dritten Busses wäre das dann 5 x 5 x 5 x 5 (5
ist die dritte Primzahl) – allgemein p^n für den n-ten Gast des
Busses mit der Primzahl p. So können zwei Nummern ver-
schiedener Busse und Gäste nie gleich sein, denn wie man in
der Schule gelernt hat, gibt es für jede natürliche Zahl nur
eine *Primzahlzerlegung*, in diesem Fall p^n. Diese Zahl kann
nicht gleich q^m für eine andere Primzahl q oder eine andere
Zahl m sein.

Zurück in Hilberts Hotel. Wieder ist man hier durch ein Paradoxon auf einen interessanten Sachverhalt der Mathematik
gestoßen: Sehr verschieden scheinende unendliche Mengen
können „gleich groß" sein in dem Sinn, dass man eine in der
anderen unterbringen kann. Man könnte jetzt zu dem Schluss
kommen, alle unendlichen Mengen wären gleich groß – in
dem Sinne, dass man sie ineinander unterbringen kann.

Ein anderer berühmter Mathematiker, Georg Cantor (1845–
1918) hat sich mit diesen Sachverhalten beschäftigt und herausgefunden: Es gibt Mengen, die sich nicht in den natürlichen Zahlen unterbringen lassen, und zwar die *reellen Zahlen*.
Das sind alle Zahlen, die sich als unendliche Dezimalzahlen
schreiben lassen, also zusätzlich zu den rationalen Zahlen (den
Brüchen) alle anderen Dezimalzahlen wie $\sqrt{2}$, e oder π. Schon
die Griechen wussten, dass es Zahlen dieser Art gibt, die keine
rationalen Zahlen sind, zum Beispiel die Diagonalen eines
Quadrats. Es gibt also mehr als eine Kategorie des Unendlichen, ja Cantor zeigte, dass es eine unendliche Hierarchie solcher Unendlichkeiten gibt. Die Mengen, die höchstens so

groß wie die natürlichen Zahlen sind, wurden *abzählbar* genannt, alle anderen *überabzählbar*[27].

Wie konnte er zeigen, dass es mehr reelle Zahlen als rationale Zahlen gibt, es also keine Zuordnung à la Hilberts Hotel gibt, die jedem reellen x eine rationale Zahl zuordnet? Er benutzte einen Trick, der seither viel in der Mathematik angewandt wurde, das *Cantorsche Diagonalverfahren*. Hierfür nahm er an, die reellen Zahlen liessen sich nummerieren als r_1, r_2 usw. Dann betrachtete er eine Tabelle der Nachkommastellen aller solchen Zahlen[28]:

Zahl	Stelle 1	Stelle 2	Stelle 3	Stelle 4	...	Stelle n
r_1	**3**	6	4	1	...	2
r_2	8	**0**	3	3	...	0
r_3	9	8	**9**	4	...	7
r_4	6	6	1	**7**	...	7
...	...	...	...	...	...	
r_n	1	4	5	7	...	**7**

Hier wäre etwa $r_1 = 0{,}3641...$, $r_2 = 0{,}8033...$, $r_3 = 0{,}9894...$ und $r_n = 0{,}1457...$ Hierauf bildete er eine Zahl, die an der i-ten Stelle genau eins größer war als die in der Liste: die erste Stelle 4, die zweite 1, die dritte 0 ($9 + 1 = 10$; 0 ist die einzige freie Ziffer) usw. Diese Zahl $z = 0{,}4108...$ konnte nun nicht in der Liste sein: sie wich in mindestens einer Ziffer von allen

---

[27] Die rationalen Zahlen (Bruchzahlen) sind abzählbar: hat man einen gekürzten Bruch k/l, so kann man ihn genau einem Besucher des Hilbertschen Festivals zuordnen: Fahrgast k von Bus l. So lassen sich auch Gäste mit Brüchen als Nummern im Hotel unterbringen.

[28] Er untersuchte nur Zahlen zwischen 0 und 1. Wenn diese schon größer waren, als die natürlichen, dann erst recht alle reellen Zahlen.

Zahlen der Liste ab. Also gab es mehr reelle Zahlen als natürliche; keine Hilbertsche Gästemenge, die so groß wie die reellen Zahlen war, konnte im Hotel Platz finden.

Ähnlich wie beim Militär gab es nun „Dienstgrade" des Unendlichen, die auch eigene Bezeichnungen erhielten, genannt *Kardinalzahlen* oder *Kardinalitäten*: $\aleph_0$ für die natürlichen Zahlen und $\aleph_1$ für die reellen Zahlen. Inwieweit sind nun die reellen Zahlen ein „Kontinuum", also streckenartig, verglichen mit den diskreten Zimmern des Hilberthotels? Ein Kontinuum ist eine Strecke, in der es keine Lücken gibt, also keine Punkte fehlen. Man kann nun nicht einfach von Punkt zu Punkt springen und schauen, ob keiner fehlt, da es keinen „nächsten" Punkt gibt! Schon Zenon hatte festgestellt, dass zwischen zwei Punkte sich immer noch ein weiterer finden lässt, sodass zwischen einem Punkt und seinem „nächsten" immer noch ein näherer liegt. Der Trick der Mathematiker bestand nun darin, zu fordern, jede Folge von Zahlen sollte einen Grenzwert (siehe „Achill und die Schildkröte") haben, der auch in der Menge der Zahlen enthalten ist.

Dass die Bruchzahlen dies nicht leisten, konnten schon die alten Griechen zeigen, indem sie bewiesen, dass $\sqrt{2}$ keine rationale Zahl ist. Man kann aber eine Folge von Zahlen konstruieren, deren Grenzwert a genau $\sqrt{2}$ ist. Für diesen Grenzwert muss ja $a^2 = 2$ gelten. Man fängt jetzt mit einem beliebigen Bruch an, etwa $^7/_5$. Wenn dessen Quadrat, $^{49}/_{25} = 1{,}96 < 2$ (kleiner als 2) ist, erhöht man den Zähler um eins zu $^8/_5$. Dessen Quadrat ist $^{64}/_{25} = 2{,}56 > 2$. Nun erhöht man den Nenner um eins zu $^8/_6$. Man erhält so eine Reihe von Zahlen, die zu $\sqrt{2}$ konvergiert, also dieser Zahl beliebig nahe kommt. Die ersten Glieder der Folge sind $^7/_5, ^8/_5, ^8/_6, ^9/_6, ^9/_7, ^{10}/_7, ^{10}/_8, ^{11}/_8, ^{12}/_8, ^{12}/_9$.

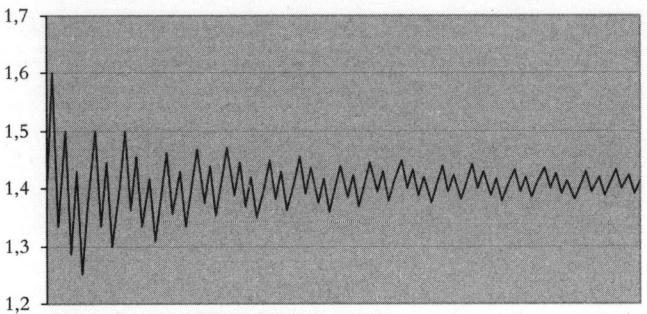

Folge, die gegen Wurzel 2 konvergiert

Man nennt die reellen Zahlen auch eine Vervollständigung der rationalen (Bruch-)Zahlen, da sie den Grenzwert jeder Folge von rationalen Zahlen enthalten. Die reellen Zahlen enthalten alle Lösungen von Gleichungen oder anderen Rechnungen, die mit den rationalen Zahlen, oder aus ihnen gebildeten reellen Zahlen gebildet werden können; auch Konstruktionen, wie 2^π oder $^e\sqrt{5}$ ergeben reelle Zahlen. Man kann immer eine Folge bilden, die zu diesen Zahlen konvergiert.

Nachdem man festgestellt hatte, was das Kontinuum sei, stellte sich nun die Frage, ob es zwischen den beiden Graden von Unendlichkeit der reellen und rationalen Zahlen noch andere gibt (wie zwischen Gemeinem und General noch Feldwebel, Leutnants, Majore usw. in der Hierarchie liegen). Diese Annahme, dass es keine weiteren Unendlichkeiten (Kardinalitäten) zwischen den beiden gibt, wird *Kontinuumshypothese* genannt.

Wie man gesehen hat, sind die natürlichen und rationalen Zahlen im Hilbertschen Hotel unterzubringen, die reellen aber nicht.

Der Ball ist rund

Der sprichwörtlich runde Fußball ähnelt rein mathematisch gesehen eher dem, was man „Sphäre" nennt, also der Oberfläche einer Kugel. Unter Kugel versteht man eine massive Kugel, etwa eine Billardkugel. Ein anderes Beispiel wäre ein großes Schokoladenosterei (es hätte dann eher die Form eines „Ellipsoid") oder ein Apfel. Einen solchen Apfel könnte man teilen. Wenn man zu viert ist, bekommt jeder genau einen Apfelschnitz, der ein Viertel so groß wie das Original ist. Man erwartet, dass ein Apfel genau vier Viertelschnitze ergibt; nur im Märchen gibt es Tischlein-deck-dich oder ähnliche Vervielfältigungen. Im Normalleben sollte ein Apfel geviertelt einen viertel Apfel ergeben, ein gesechstelter einen sechstel Apfel.

Auch Mathematiker haben sich mit solchen Fragen beschäftigt, wenn auch in einer viel „haarspalterischeren" Weise. Sie fragten, welche Formen man durch Zerschneiden (in endliche Teile), verschieben, drehen und wieder zusammensetzen kann. Ist es etwa möglich, einen Kreis zu zerschneiden und wieder in einem Quadrat zusammenzulegen? Oder aus einem Kreis zwei halb so große Kreise herzustellen? Oder aus einem Kreis ein Quadrat gleichen Umfangs herzustellen (eine Variante der „Quadratur des Kreises")?

In den zwanziger Jahren des vorigen Jahrhunderts bewiesen nun die zwei polnischen Mathematiker Stefan Banach und

Alfred Tarski, dass man eine Kugel durch Zerschneiden, Drehen und Verschieben in *zwei gleich große Kugeln* verwandeln kann! Dieses Paradox hat sicher dazu beigetragen, die moderne Mathematik als völlig unverständlich und ziemlich verrückt zu charakterisieren.

Zuerst einmal soll hier die Motivation und ein Erklärungsansatz zu diesem Paradox gegeben werden. Die Details sind sehr langwierig und erfordern eine ausgiebige Beschäftigung mit den Grundbegriffen. Daher sollen hier nur Bruchstücke gegeben werden. Es handelt sich nicht, wie der Leser sich vorstellen kann, um glatte Schnitte durch die Kugel. Wie „unglatt" ein Schnitt sein kann, soll an einer anderen Linie gezeigt werden (sie hat mit dem Paradox nichts zu tun und dient nur als Illustration).

Sie ist Beispiel eines Fraktals, Bilder mit zerfransten Ecken, wie etwa der bekannte Mandelbrotbaum, und wird „Kochsche Schneeflocke" genannt. Man fängt mit einem gleichseitigen Dreieck an. Dann setzt man auf die Mitte jeder Seite wieder ein gleichseitiges Dreieck, mit einem Drittel der ursprünglichen Seitenlänge. Diese Prozedur wiederholt man, „unendlich oft". Jedes Mal, wenn man neue Dreiecke addiert, wird die Kurve länger und länger und nähert sich dem Unendlichen.

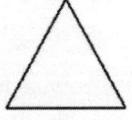  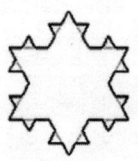 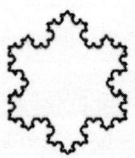

Die so entstandene Kurve ist „unendlich rau": egal, wie nahe man heranzoomt, findet man immer neue Verästelungen. Ein solcher Schnitt ist natürlich sehr verschieden davon, was man mit Messern oder Scheren herstellen kann.

Eine weitere Methode, die hier zum Zerschneiden angewandt wird, ist die Verwendung „unbekannter Mengen". In Rechnungen mit praktischem Ziel versteht es sich von selbst, dass eine Zahl genau bestimmt wird. Es genügt keinem Bauingenieur, zu sagen „es gibt einen Querschnitt, der den Stahlträger stabil genug macht", der Querschnitt muss exakt auf dem Papier stehen. Ob es ihn „gibt", interessiert nicht. In der Mathematik, an solche praktische Verwendung nicht gebunden, ist es sogar sehr üblich, zu sagen „es muss eine Lösung geben, auch wenn sie nicht exakt zu bestimmen ist". Diese Zahl ist eine Art Phantomwert, und genau solche Phantomwerte benutzt das Paradox[29]. Es läuft also darauf hinaus, zu sagen „es muss einen (unendlich rauen) Schnitt geben, sodass die Teile sich zu zwei Kugeln derselben Größe kombinieren lassen".

Man wird jetzt vielleicht denken, für das Kunststück wären viele tausend Stücke notwendig. Überraschenderweise genügen aber 5 Teile. Nun ist es eigentlich nicht mehr verwunderlich, dass sich zwei beliebige Körper, die einen Ball (beliebiger Größe) enthalten, sich ineinander durch Zerschneiden und Rekombinieren überführen lassen.

---

[29] Einen solchen Phantomwert könnte man sich folgendermassen vorstellen: Man hat einen Behälter voll heissem Gas. Die Gasmoleküle fliegen im Behälter wie Billardkugeln unterschiedlicher Geschwindigkeit herum. Es gibt sicher ein schnellstes Molekül – wenn man alle Geschwindigkeiten messen könnte, würde man ein maximal schnelles finden. Das ist technisch nicht möglich, trotzdem erscheint es sinnvoll, seine Existenz anzunehmen.

Dieser mathematische Sachverhalt, nachdem man ihn auf Treu und Glauben akzeptiert hat, wirft andere Fragen auf. Was ist, mathematisch gesehen, Volumen, wenn man es durch Zerschneiden und Neukombinieren vermehren kann? Schon bei Aristoteles wird eine solche Frage gestellt. Er stellte fest, dass zwei konzentrische Kreise, der eine größer als der andere, eigentlich gleichen Umfang haben müssten. Jeder Punkt des einen Kreises hat nämlich einen entsprechenden Punkt des anderen:

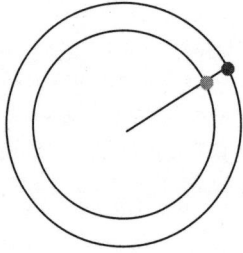

Trotzdem hat der äußere Kreis offensichtlich einen größeren Umfang als der innere. Das sollte uns nicht sehr wundern, schließlich gab es schon in Hilberts Hotel unendlich viele Zimmer, in denen zwei mal unendlich viele Personen Platz hatten. Es zeigt aber, dass man Strecken nicht durch Abzählen von Punkten, ja nicht einmal durch Eins-zu-eins-Zuordnen von Punkten in der Länge messen kann. Es zeigt sich, dass alle zusammenhängenden Strecken, aber auch Flächen und Volumen die gleiche „Menge Punkte" besitzen. Man kann kein Maß für Strecken, Flächen oder Volumen durch die Anzahl von Punkten definieren.

Man kam daher auf die Idee, „Messfunktionen" einzuführen, die nicht auf einzelnen Punkten, sondern direkt auf Strecken operieren. Einzelne Punkte, ja selbst die oben erwähnten abzählbaren Punktmengen bekämen gar keine Länge, nur „solide" Strecken oder Streckenabschnitte sollten eine positive Länge erhalten. Das löste einige Probleme, z.B. das, ob zwei Strecken mit ihren Endpunkten und ohne diese die gleiche Länge hätten. Die Antwort ist ja, denn Einzelpunkte haben die Länge Null. Das Banach-Tarski-Paradox zeigt jedoch etwas anderes, noch viel unintuitiveres: Nicht jede Teilmenge des Raumes ist *messbar*. Es gibt „Freakmengen", die sich mit der Messfunktion nicht messen lassen. Genau solche Mengen sind die Teile, in die der Ball zerschnitten wird – anderenfalls hätte man das unmögliche Ergebnis, dass zwei Teile eines Körpers das gleiche gemessenes Volumen wie der Körper selbst hätten. Glücklicherweise sind fast alle Mengen, die man in der praktisch verwendeten Mathematik – und erst recht in den Anwendungen – findet, normale, messbare Mengen. Die nicht messbaren Mengen sind hauptsächlich von theoretischem Interesse.

Man kann also sagen, die Teile der Banach-Tarski-Zerteilung einer Kugel seien nicht messbar, hätten also kein Volumen. Alle praktischen Aufteilungen von Körpern sind aber messbar, sodass das Paradox nur in der Vorstellung verwirklicht werden kann.

Unrasierte Spanier

Ein weiteres Paradox, das zu einer ganz neuen Sparte der mathematischen Wissenschaften geführt hat, ist das Russellsche Paradox. Bertrand Russell selbst hat dafür ein schönes Analogon aus dem Alltagsleben gefunden, und zwar

> *Der Barbier von Sevilla rasiert alle – und nur die – Einwohner Sevillas, die sich nicht selbst rasieren. Wer rasiert den Barbier?*

Entweder: Der Barbier rasiert sich selbst nicht. Dann gehört er zu seinen Kunden: die Einwohner Sevillas, die sich nicht selbst rasieren. Er rasiert sich also. Oder: Der Barbier rasiert sich. Er gehört nicht zu seinen Kunden – er rasiert sich ja selbst – und rasiert sich also nicht.

Dieses Paradox, von der eigentlichen, selbstwidersprüchlichen Sorte, kam ursprünglich in einem anderen Zusammenhang auf: der Entwicklung der Mengenlehre, mit der sich Russell Anfang des letzten Jahrhunderts beschäftigte. Eine Menge, wie man sie in der Schule kennen lernt, scheint ein harmloser Begriff. Aus Gegenständen werden Mengen, und aus mehreren Mengen werden wieder Mengen. So sind beispielsweise alle roten Golf 1 eine Menge, die Menge aller Golf 1 eine Obermenge, von der die Menge aller Mittelklassewagen wieder eine Obermenge ist. Mengen, die andere Mengen enthalten, sind also leicht zu erhalten.

Man kann aus jeder Beschreibung im Prinzip eine Menge definieren, indem man festlegt, „die Menge aller Objekte mit Eigenschaft E". Nimmt man wieder als Eigenschaft „Automobil der Marke VW, des Typs Golf, 1. Baureihe, Farbe rot", so findet man genau die oben erwähnte Menge. Kann man nun jede beliebige Eigenschaft und jeden Typ Objekte nehmen, ohne sich in Widersprüche zu verwickeln? Warum nicht, schlimmstenfalls ist die Menge leer, beispielsweise die *Menge aller Symphonien der Beatles*.

Mit dieser naiven Definition von Menge kam man auch weit, bis Russell 1901 auf sein Paradoxon stieß: die

> *Menge aller Mengen, die sich selbst nicht als Element enthalten.*

Wie beim erwähnten Barbier hat sich diese Menge als Element, wenn sie sich selbst nicht als Element enthält. Wenn sie sich nicht als Element enthält, liegt sie außerhalb dieser Menge, enthält sich also als Element.

In der Folgezeit lieferten viele berühmte Mathematiker Lösungsvorschläge für das Paradox – entweder Einschränkungen, welche Eigenschaften man formulieren darf, oder welche Objekte man zu einer Menge zusammenfassen kann. Dieser zweite Ansatz wird heute meist gelehrt und führt zu einer „Zwei-Klassen Gesellschaft" unter den Mengen. Die normalen, „kleinen" Mengen, etwa von Objekten, natürlichen Zahlen oder räumlichen Körpern, und von „großen" Mengen, den *Klassen*. Diese sind zwar Kollektionen von anderen Mengen und Objekten, selbst aber nicht Teil anderer

Mengen oder Klassen. So wird das oben beschriebene Paradox umgedeutet in

> *Die Klasse aller Mengen, die sich selbst nicht als Element enthält,*

die sich unproblematisch bilden lässt. Russells Paradox hat also zu erheblichem „Weiterdenken" Anlass gegeben.

Man kann eine ganze Reihe von Paradoxien finden, indem man Sätze bildet von einer bestimmten Form:

> *Die Menge aller X, die alle X (und nur diese) xen, die sich nicht selbst xen.*

Nimmt man beispielsweise das Wort „Behälter" für X, so erhält man das Russellsche Paradox: Die Mengen aller Behälter (Mengen), die alle Behälter enthalten, die sich nicht selbst enthalten.

Verwendet man das Verb „bezeichnen" für x, so bekommt man: Die Menge aller Bezeichner (Wörter), die alle Wörter bezeichnen, die sich nicht selbst bezeichnen. Dieses Paradox ist unter dem Namen „Grelling-Nelson-Paradox" bekannt. Bezeichnet man ein Wort, das sich selbst beschreibt, als *autolog*, etwa „kurz", „deutsch", „mehrsilbig" usw., und die, die sich nicht selbst beschreiben, als *heterolog*, etwa „lang", „englisch", „einsilbig" usw., so wird die erwähnte Menge zur *Menge aller heterologen Wörter*, und das Paradox ist nun: *Gehört „heterolog" zur Menge der heterologen Wörter?* Wenn ja, würde es sich nicht selbst bezeichnen, wäre also nicht heterolog, sondern autolog, und gehörte damit nicht zur Menge der heterologen Wörter; wenn nein, würde es sich selbst bezeichnen, wäre also heterolog. Wie man sieht, ist die Argumentation analog der des Russellschen Paradoxes.

Eine weitere mögliche Anwendung ist das so genannte „Richards-Paradox". Hier werden Zahlen beschrieben: die kleinste Zahl größer als X, die erste Zahl, die als Summe zweier Kubikzahlen geschrieben werden kann, usw. Diese Beschreibungen sind in keiner Weise eindeutig, da z.B. 1 die erste ganze Zahl ist (a), sowie die einzige, die bei Multiplikation mit einer anderen Zahl wieder diese Zahl ergibt (b). Nichtsdestotrotz kann man Beschreibungen von Zahlen ordnen. Eine Möglichkeit wäre die Ordnung nach Länge und alphabetischer Reihenfolge. Hier käme (a) vor (b), da (a) kürzer ist. Will man die Beschreibungen „kleinste Zahl teilbar durch 3" (c) und „kleinste Zahl höchstens sechs" (d) ordnen, so setzt man (d) vor (c), da „höchstens" im Lexikon vor „teilbar" kommt.

Hat man eine solche Ordnung, kann man jeder Beschreibung ihre Nummer in der Liste zuordnen. In diesem Beispiel hätte (c) eine höhere Nummer als (d). Nun ist es möglich, dass eine Nummer zu ihrer Beschreibung passt. Wenn etwa die 23 die Nummer für „Primzahl" wäre, so wäre 23 selbst Teil der Nummern, die zu dieser Beschreibung passten.

Der Trick beim Richards-Paradox besteht dabei, die Zahlen zu definieren, die *sich selbst nicht als Beschreibung haben*. Also alle Zahlen, die, anders als die 23 oben, nicht auf ihre eigene Beschreibung passen. Diese Menge ist nun eine vom Russellschen Strickmuster: „Die Menge aller Bezeichner (Zahlen), die diejenigen Zahlen bezeichnen, die sich nicht selbst bezeichnen."

Was ist nun wesentlicher Bestandteil eines solchen Paradoxes? Wie u. a. im Buch „Gödel, Escher, Bach" von Douglas Hochstädter nachzulesen ist, besteht ein wichtiger Faktor in der *Selbstreferenz*. In der Konstruktion oben ist vor allem auf das Wort „…nicht *selbst* enthalten" zu achten: es steht für Selbstreferenz. Viele haben versucht, Paradoxien zu entgehen, indem sie Selbstreferenzen ausgeschlossen haben – siehe die Definition von „Klassen" oben. Dadurch verhindert man jedoch andere, unproblematisch scheinende Beschreibungen, wie „alle Sätze, die nur deutsche Vokabeln verwenden", was für sich selbst gilt und recht unproblematisch erscheint. In der Mathematik hat man eindeutig entschieden, dass sich formal-logische Sätze nicht auf sich oder andere Sätze beziehen können. Das Paradox vom Lügner ist ein weiteres Argument für diese Einschränkung.

Ein mit dem Russellschen verwandtes Paradox ist das Cantorsche Paradox der

Menge aller Mengen.

Cantor hatte herausgefunden, dass eine Menge stets kleiner ist als die Menge ihrer Teilmengen. Für endliche Mengen ist das klar, da etwa eine Menge mit den drei Elementen Vorspeise (V), Hauptgang (H) und Dessert (D) die acht Teilmengen VHD, VH, VD, HD, V, H, D und { } (die leere Menge „Fasten") besitzt. Jede endliche Menge mit n Elementen hat 2^n Teilmengen; man schreibt daher auch manchmal für eine Menge M die Menge der Teilmengen 2^M. Auch bei unendlichen Mengen (siehe „Hilberts Hotel", S. 137) ist die Menge der Teilmengen größer als die ursprüngliche Menge. So ist etwa 2^N (N sind die natürlichen Zahlen) größer als N selbst. Man erhält so einen unendlichen „Turm" von Obermengen, jeweils die Menge aller Teilmengen der Vorgängermenge, die sich jeweils enthalten.

Wie sieht es nun mit der „Menge aller Mengen" aus? Die Menge ihrer Teilmengen ist auch eine Menge, sollte also in ihr enthalten sein – sie ist aber größer als die Menge selbst, was ein Widerspruch ist. Auch dieser Widerspruch tritt nicht auf, wenn man, wie im Russellschen Paradox, große Mengen als Klassen betrachtet.

Das Wörtchen Wenn

Folgender Satz, bekannt als Curry-Paradox nach dem amerikanischen Logiker Haskell Curry, hat die angenehme Eigenschaft, dass der zweite Halbsatz beliebig ist:

Wenn dieser Satz wahr ist, können Fische sprechen.

Der Beweis einer beliebigen Aussage ist schon oft als Denksportaufgabe gestellt worden. So traf es sich in der Vorlesung eines berühmten Professors, der gerade die Aussage besprochen hatte, aus einer falschen Aussage folgte jede beliebige Aussage: Ein Schüler forderte ihn auf, aus 1+1 = 3 zu beweisen, er sei der Papst. Die Antwort folgte sofort. „Der Papst und ich, das sind zwei. Wenn 3 gleich 2 ist, so ist auch 2 gleich 1. Also sind der Papst und ich eins."

Warum ist der Satz oben immer wahr? Nehmen wir an, wir wollen beweisen, dass immer, wenn der Himmel blau ist, die Sonne scheint. Dazu nehmen wir zuerst an:

(A) der Himmel ist blau.

Und prüfen dann nach:

Scheint die Sonne?

Wenn ja, dann ist die Folgerung korrekt (wahr).

Dasselbe machen wir jetzt mit dem obigen Satz; zuerst die Annahme:

(A)   Dieser Satz (x) ist wahr.

Das liefert jetzt aber zwei Dinge: die Annahme, und dass die im Satz ausgedrückte Folgerung wahr ist, dass dann Fische sprechen können (SF). Die Prüfung verlief positiv und der Satz ist wahr. Also ist seine Folgerung auch wahr – durch den Trick, dass man seine Wahrheit in die Voraussetzung aufgenommen hat, ist die Folgerung immer wahr. Wieder hat man einen Selbstbezug, „dieser Satz", der die Paradoxie ermöglicht; in der Sprache der modernen Mathematik wird dieser Selbstbezug ausgeschlossen.

Kleinanzeigen

Kurzbeschreibungen sind oft praktisch. Mancher wird wohl schon einmal eine Kleinanzeige formuliert und sich überlegt haben, wie möglichst viel Information in den begrenzten Platz zu füllen wäre. In früheren Zeiten kostete ein Telegramm einen festen Betrag pro Anschlag, sodass Texte kurz sein mussten. Heute hat die SMS die Kürze wieder verbreitet und eine eigene Sprache in Verkürzungen produziert. Wie viel Information lässt sich in einen bestimmten Text packen? Hier ist nicht die Menge oder Bedeutung der Information für den Sender oder Empfänger gemeint. Eine Kurznachricht mit dem Inhalt „13.00 Mittag bei Mario, Tisch reserviert" wird wohl weniger Bedeutung enthalten als „Gipfel erreicht, Chinesen vor uns da". Welchen Subtext und Kontext eine Botschaft hat, lässt sich nur schwer messen. Statt dessen wird nur gefragt, welchen Zeichengehalt ein Satz hat.

Auch Zahlen ließen sich auf Deutsch beschreiben, etwa „kleinste gerade Quadratzahl", eine Beschreibung für 4. Natürlich wäre auch „kleinste Summe zweier gerader Zahlen" eine gültige Beschreibung und genauso eindeutig wie die erste. Weitere gültige Beschreibungen wären „erste Zahl, die nicht mit einem Vokal beginnt", also 2. Nun lässt sich das Berry-Paradox formulieren:

Die kleinste Zahl, die nicht in unter 13 Worten zu beschreiben ist.

Paradoxerweise ist der Satz eine Beschreibung in 12 Worten.

Ein Versuch, das Paradox zu umgehen, besteht in Klarstellung des Ausdrucks „... unter 13 Worten zu beschreiben ist". Einmal hängt das von der gewählten Sprache ab, sodass der Satz in „... auf Deutsch in unter 15 Worten zu beschreiben ist" endet (die Anzahl der Worte wird angepasst). Allerdings kann man auch neue Bezeichnungen für bestimmte Zahlen erfinden. In vielen Sprachen gibt es das Dutzend, im Englischen auch den *score* (20). Man könnte für die Zahl einen Namen erfinden (Oskar), sodass sie in einem Wort zu beschreiben ist. Man müsste also das Paradox relativ zu einer Sprache und einem Zeitpunkt definieren: „... auf Deutsch gemäß dem gültigen Duden vom 1. 1. 2005 in unter 21 Worten zu beschreiben ist."

Schließlich könnte es sein, dass das Paradox zwar nicht lösbar ist, aber eine solche Zahl einfach nicht existiert. Es gibt nur ein Paradox, wenn es eine solche Zahl gibt. Es gibt nicht zu jeder Beschreibung auch etwas, das so beschrieben wird. Etwa „die größte Primzahl, deren um zwei größere Zahl ebenfalls prim ist" ist eine Beschreibung, für die es möglicherweise kein passendes Element gibt – wenn es unendlich viele Primzahlzwillinge gibt.

Eine ähnliche Situation ist

> *die kleinste langweilige Zahl.*

Es gibt sicherlich interessante Zahlen, z.B. sieben, das kleinste Vieleck, das nicht mit Zirkel und Lineal konstruierbar ist. Dann wird es auch uninteressante, langweilige Zahlen geben, und unter diesen eine kleinste. Diese Zahl wäre dann aber wieder interessant. Allerdings liegt (Un-)Interessantheit im Auge des Betrachters.

Die beiden letzten Paradoxien sind nicht von den natürlichen Zahlen selbst abhängig, sondern nur von der Möglichkeit, sie in eine Ordnung zu bringen. So ist etwa „das kürzeste Wort, das nicht in unter 13 Worten zu beschreiben ist" und „das kürzeste langweilige Wort" (wenn es langweilige Worte gibt) ebenso paradox. Man kann jedes Substantiv für X in „das kürzeste X, das nicht in unter 13 Worten zu beschreiben ist" und „das kürzeste langweilige X" einsetzen, das sich der Größe nach ordnen lässt.

IV.

Paradoxien in den modernen Wissenschaften

Der jüngere Zwilling

Unter den physikalischen Paradoxien ist das Zwillingsparadox so etwas wie der Gründervater.

Mit seiner *speziellen Relativitätstheorie* aus dem Jahr 1905 hatte Einstein die Physik endgültig aus dem Bereich der normalen Intuition verbannt: seitdem gab es die „verrückten Wissenschaftler" – Physiker, Chemiker, Informatiker, Mathematiker auf der einen und den „gesunden Menschenverstand" auf der anderen Seite. Es gibt eigentlich keinen Grund, warum Wissenschaftler verrückter sein sollten als z.B. Automechaniker – es ist die moderne Wissenschaft und es sind ihre Ergebnisse, die auf den ersten (oft auch zweiten) Blick verrückt und paradox wirken.

Um das Paradox zu beschreiben, braucht man nur zwei Eigenschaften der speziellen Relativitätstheorie. Erstens läuft in bewegten Bezugssystemen die Zeit langsamer als im eigenen, ruhenden. Zweitens gibt es kein „bevorzugtes" Bezugssystem: Es gibt nicht *den* ruhenden Punkt im Raum. Ein Bezugssystem ist hier ein physisches Gebilde, dessen Teile relativ zueinander ruhen. Zwei Bewohner desselben Planeten bewegen sich (häufig) nicht gegeneinander, ebenso wie Passagiere desselben Raumschiffes: Sie leben in dem gleichen Bezugssystem. Das Paradox wird nun wie folgt beschrieben:

> *Ein Paar eineiiger Zwillinge, Anton und Bert, macht ein Experiment: Anton fliegt mit einem Raumschiff mit hoher Geschwindigkeit in eine Richtung, macht dann kehrt und fliegt*

auf die Erde zurück. Da auf seinem bewegten Bezugssystem die Zeit langsamer läuft, ist er bei Ankunft jünger als sein Bruder Bert.

Betrachtet man die Sache allerdings nicht von der Erde, sondern vom Raumschiff aus, so bewegt sich die Erde erst vom Raumschiff weg und macht dann kehrt. Also müsste Bert, der auf der Erde geblieben ist, jünger sein als Anton.

Schon die Aussage, ein Zwilling sei jetzt jünger als der andere, könnte man als paradox bezeichnen. Erstaunlicherweise hat man bei Experimenten herausgefunden, dass sie stimmt. Man synchronisierte zwei extrem genaue Atomuhren auf der Erde, lud eine davon in ein Flugzeug und schickte es auf eine Fernreise. Bei Wiederankunft wurden die Uhren verglichen, und es stellte sich heraus: Die im Flugzeug zeigte eine um eine Winzigkeit niedrigere Zeit an als die andere.[30]

Eine weitere Anwendung ist das GPS (*Global Positioning System*) für Positionsbestimmungen auf der Erde. Seine Funktionsweise ist recht kompliziert; sie besteht hauptsächlich darin, aus mehreren Satelliten im Orbit ein Signal an den Empfänger auf der Erde zu senden. Dieser misst dann die unterschiedliche Laufzeit und errechnet so seinen Abstand zu den Satelliten. Mittels mindestens drei solcher Abstände kann man seine geographische Länge und Breite und die Höhe über dem

---

[30] Die Effekte der speziellen Relativitätstheorie treten erst massiv bei Geschwindigkeiten auf, die nahe an der Lichtgeschwindigkeit (ca. 300 000 Kilometer pro Sekunde) liegen. Bei einem Düsenjet mit weniger als 1000 Kilometer pro *Stunde* sind sie minimal. Das ursprüngliche Experiment hatte viele Fehler, was einigen „Ungläubigen" als Anlass gilt, die spezielle Relativitätstheorie ganz zu verwerfen.

Meer bestimmen – das Verfahren nennt sich Triangulation und ähnelt den Peilmethoden, die man in der Gebäude- und Landschaftsplanung verwendet.

Um die Laufzeiten zu vergleichen, müssen die Signale von den Satelliten koordiniert sein, was mittels mehrer Atomuhren in den Satelliten erreicht wird. Diese Uhren werden in regelmäßigen, kurzen Abständen von der Bodenstation synchronisiert. Wie groß sind nun die Abweichungen aufgrund der speziellen Relativitätstheorie? In Zeiten ausgedrückt wären es −7,2 Mikrosekunden (Millionstel Sekunden) pro Tag. Allerdings wirkt ein anderer Effekt auf die Uhren: Das Gravitationsfeld der Erde verschnellert die Zeit um 45,6 Mikrosekunden pro Tag, zusammengenommen also eine Korrektur von 38,4 Mikrosekunden. Dies entspräche einer fehlerhaften Distanzmessung von ca. 11,5 Kilometern nach einem Tag ohne Korrektur.

Zurück zum Zwillingsparadox: Wie kann es sein, dass die Uhren einerseits auf der Erde, andererseits im Raumschiff langsamer laufen sollten, wenn doch beide Bezugssysteme gleichberechtigt sind? – Es besteht dabei ein Unterschied, den man anfangs leicht übersieht: Das Raumschiff kehrt auf halber Strecke um. Es befindet sich also nicht die ganze Zeit in ein und demselben Bezugssystem, sondern die Hälfte der Zeit in einem, die andere Hälfte in einem anderen, dritten Bezugssystem. Es ist also gar keine Symmetrie gegeben, und die Uhr im Raumschiff geht wirklich langsamer als die auf der Erde[31].

---

[31] Eigentlich durchläuft es mindestens drei Bezugssysteme: eines auf dem Hinweg, eines in der Brems- und Umkehrphase und eines auf dem Rückweg. Das Bezugssystem Erde wird nicht beschleunigt und bleibt die ganze Zeit über konstant.

Es gibt ein weitere, mit dem Zwillingsparadox eng verwandtes Paradox, das *Leiterparadox*. Neben der Zeitverlangsamung tritt nämlich in der speziellen Relativitätstheorie noch ein anderes Phänomen auf: die Längenstauchung. Ein Objekt (z.B. ein Raumschiff) das sich sehr schnell gegenüber einem Bezugssystem bewegt, erscheint einem Beobachter dort kürzer als einem im bewegten Bezugssystem (dem Astronauten). Nun tritt das Leiterparadox auf:

> *Eine sich schnell bewegende Leiter, die länger ist als Ihre Garage, passt durch Längenstauchung plötzlich hinein. Andererseits ist aus der Sicht der Leiter Ihre Garage kürzer geworden, so dass sie noch weniger hineinpasst, als wenn sie ruhen würde.*

Auch dies ist ein Scheinparadox, welches sich erklären (oder besser plausibel machen) lässt, wenn man die Begriffe etwas einschränkt. Hineinpassen könnte heißen, die Leiter erst „hineinfliegen" zu lassen und sie dann abzubremsen. Das wäre möglich, hieße jedoch, die Leiter sich beim Abbremsen ausdehnen zu lassen, bis sie schließlich durch die geschlossenen Türen oder Wände bricht[32].

Alternativ könnte man eine Garage mit zwei Türen annehmen, durch die die Leiter ungebremst hindurchfliegt. Weder Leiter noch Garage würden beschleunigt, beide würden also ihre Bezugssysteme nicht ändern. Hier kommt ein weiterer Stolperstein der speziellen Relativitätstheorie zum Tragen: die

---

[32] Wieder könnte man sich fragen, ob die Situation nicht symmetrisch zwischen Leiter und Garage ist. Es ist aber wieder die Leiter, die gebremst wird, deren Bezugssystem sich also ändert und deren Länge steigt, nicht die Garage, die sich verändert.

Methode der Längenmessung. Man könnte jetzt sagen, Längenmessung würde durch Anlegen eines Zollstocks erledigt. Das ist auch hier so, mit dem Zusatz, beide Enden des Zollstocks müssen zugleich mit den Enden des Messstückes übereinstimmen. Und hier kommt das Konterintuitive der Einsteinschen Theorien wieder zum Tragen: Beide Beobachter können sich nicht auf „Gleichzeitigkeit" einigen.

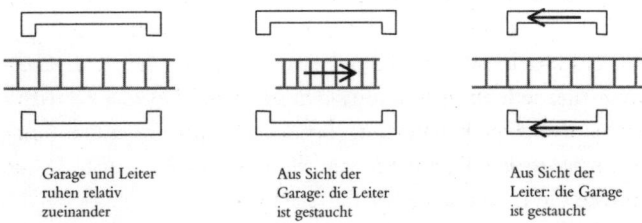

Garage und Leiter
ruhen relativ
zueinander

Aus Sicht der
Garage: die Leiter
ist gestaucht

Aus Sicht der
Leiter: die Garage
ist gestaucht

Wenn beispielsweise der Beobachter in der Garage sagen würde, die Enden der Leiter wären gleichzeitig innerhalb der Garage gewesen (die Leiter hätte sich verkürzt), würde der Beobachter auf der Leiter behaupten, die Spitze der Leiter hätte die hintere Garagentür passiert, lange bevor das Fußende die vordere Tür passiert hätte (die Garage hätte sich verkürzt und die Leiter könnte noch weniger hineinpassen).

Der Grund für diese Meinungsverschiedenheit liegt darin, dass Gleichzeitigkeit an die immer gleiche Geschwindigkeit des Lichts gekoppelt ist: zwei Ereignisse sind gleichzeitig, wenn ein Beobachter zugleich ihre Information erhält zusammen mit der Information, wie lange diese „auf dem Weg war". Wenn man also von zwei Punkten im Raum mit Entfernungen von einer und zwei Lichtsekunden (300 000 und 600 000 Kilometer) Informationen erhält, wird man sagen, sie seien gleichzeitig, wenn die eine Information eine Sekunde vor der anderen eintrifft[33]. Praktischerweise kann man annehmen, der Beobachter befände sich genau auf der Hälfte der Strecke: dann wären zwei Ereignisse gleichzeitig, wenn ihre Informationen gleichzeitig beim Beobachter anlangten.

Nun ist es so, dass nichts schneller ist als das Licht. Den Garagen-Beobachter erreichen die Informationen, die Leiterspitze erreiche die Hintertür zugleich wie die Nachricht, der Leiterfuß passiere die Vordertür. Der Beobachter auf der Leiter bewegt sich jedoch in Richtung Hintertür und kommt der Information entgegen. Für ihn passiert die Leiterspitze die Hintertür, *bevor* das Leiterende die Vordertür passiert hat. Somit müsste die Leiter länger als die Garage sein.

Wie man sieht, wurde hier eine „absurde" Idee, die der Längenstauchung, durch eine andere nicht weniger unintuitive, die der fehlenden Gleichzeitigkeit, erklärt.

---

[33] Die Lichtgeschwindigkeit c ist die Obergrenze für Geschwindigkeiten im Raum. Sogar physikalische Eigenschaften können sich nicht schneller als das Licht fortbewegen. Es gibt also keine Möglichkeit, Informationen z.B. über Gleichzeitigkeit schneller als das Licht zu versenden.

Schwarz wie die Nacht

Jedes Kind hat wohl schon einmal bei einem Campingausflug auf dem Rücken gelegen und den Sternenhimmel betrachtet. Myriaden von Sternen, die sich am Himmel verteilten. Einige waren heller als ihre Nachbarn und fügten sich zu wiedererkennbaren Figuren: Der große Wagen, der Orion, die Plejaden. Wie kam es überhaupt zu solchen Sternbildern? Schließlich könnte man auch die Ecksterne des Orion mit anderen Sternen zu einem Bild zusammenschließen. Der große Wagen könnte genauso gut der große Kochtopf heißen oder die große Schildkröte. Überhaupt scheint für viele Sternbilder die Fantasie mehr als notwendig, um aus einer Hand voll Sternen eine Figur wie einen Stier zu kreieren.

Seit jeher ist die Astronomie eine feste Größe in den Wissenschaften der Menschen. Vergleicht man die Aufzeichnungen alter Kulturen, so beschreiben sie neben geographischen, historischen und architektonischen Fakten auch fast immer Aufzeichnungen über Astronomie. Oft wurde der Sternenhimmel mit den Göttern gleichgesetzt: Die Ägypter verehrten die Sonne als Gott, die Azteken richteten ihre Kultstätten nach der Sonnenwende aus, und die Erbauer von Stonehenge verwandten gleich mehrere wiederkehrende astronomische Ereignisse in ihrem Bauwerk.

Warum hatten himmlische Erscheinungen, Zeitabschnitte und Verhältnisse eine solche Anziehungskraft auf die prähistorischen Völker? Wie schon erwähnt, übt der Nachthimmel durch seine Unwandelbarkeit und Größe eine große Faszination auf den Betrachter aus. Die Jahreszeiten bestimmen auch viele Abläufe von natürlichen Prozessen, die für den Alltag der Urmenschen sehr wichtig waren: die Jahreszeiten, die den Ablauf der Ernten, Wanderungen von Wild und Vögeln, Reifung von Früchten und Beeren und die Anforderungen an das tägliche Wohlergehen bestimmten. Im Winter mussten Anstrengungen getätigt werden, der Kälte zu entgehen, im Frühjahr musste vorsorglich gesät werden; im Herbst wurden die Vorräte für die kommende Zeit angelegt.

Es ist nicht verwunderlich, dass Götter der Erde, des Mondes und der Sonne in fast allen frühen Kulturen zu finden sind. Aber es gibt noch einen Grund, woher das Interesse für die „Himmelsmechanik" stammt. In unserer heutigen, wissenschaftlich-technisch geprägten Zeit sind wir umgeben von exakten, regelmäßigen Abläufen und Verhältnissen. Im Haushalt messen unzählige Uhren die Stunden oder Minuten bis zur Garung eines Mahls. Gebäude sind in exakten Winkeln gebaut, Flächen zur Verkehrsnutzung sind eben und (relativ) plan – Regelmäßigkeiten, wohin man blickt.

In früheren Kulturen dagegen gab es wenig Anlass und Möglichkeiten, Dinge mathematisch zu ordnen. Gebäude waren oft rundlich-inexakt gebaut, die wenigen Gegenstände, die es gab, wurden nach Augenmaß hergestellt und verwendet, und die menschlichen Verhältnisse regelte die Tageszeit, der gesellschaftliche Platz und die gegenwärtige Situation[34]. Das

---

[34] Für heutige Bewohner entwickelter Staaten ist es fast unglaublich, welche Umstellung der Lebensweise die Verbreitung exakter Uhren für den Privat-

Anschauungsmaterial der Natur, das immer und in großer Regelmäßigkeit verfügbar war, war der Sternenhimmel.

Betrachten wir nun beispielsweise den Sonnenaufgang. Beginnend mit der Wintersonnenwende am 21. Dezember geht die Sonne jeden Tag früher auf als am Vortag. Sie geht aber auch stets an einem anderen Ort auf. Im Winter, wenn die Sonne eine flache, kurze Bahn zieht, geht sie im Südosten auf, erreicht einen relativ niedrigen Höchststand und geht im Südwesten wieder unter. Sowie das Jahr fortschreitet, geht sie immer weiter im Osten auf und sinkt weiter im Westen. Wäre man südlich des nördlichen Wendekreises (22° nördlicher Länge), so würde sie weiter wandern, bis sie im Nordosten aufginge und im Nordwesten unterginge. Schließlich, am 21 Juni, der Sommersonnenwende, macht sie kehrt und geht wieder weiter im Süden auf und unter.

Auch die Planeten gehen am (oder nahe am) selben Ort wie die Sonne auf und unter. Warum nicht irgendwo sonst am Himmel? Der Grund liegt darin, dass alle Planeten, die um die Sonne kreisen, sich auf einer Scheibe bewegen. Die Kreise (eigentlich Ellipsen) liegen räumlich alle in derselben Ebene, in der auch die Erde um die Sonne kreist. Betrachtet man eine Scheibe von „innen", also von einem Standpunkt auf ihr selbst, so wirkt sie wie eine Linie (stellen sie sich einen Hula-Hoop-Reifen vor, den man sich von innen exakt auf Höhe

---

gebrauch machte. Vor ihrer Einführung lebte man auf dem Land nach den Tageszeiten; in der Stadt nach dem Schlag der Uhr. Es war also möglich, sich Schlag sechs zu verabreden, vielleicht auch ein Viertel nach; Angaben wie „fünf nach fünf" wurden erst in der Neuzeit üblich und möglich.

der „Kreisebene" betrachtet). So wirkt auch die Milchstraße – ebenfalls eine Scheibe, in der das Sonnensystem liegt – wie eine Linie am Himmel. Ganz exakt liegen allerdings die Sterne der Milchstraße nicht auf der Scheibe, sondern in einem gewissen Abstand von der Mitte, sodass sie nicht als dünne „Linie", sondern als Band erscheinen. Ebenso sind auch die Planeten nicht exakt auf einer Scheibe, sondern ihre Bahnen weichen um einige wenige Grade voneinander ab (1° für Jupiter und Saturn, 7° für Merkur).

Während sich die Planeten und die Sonne also mit den Jahreszeiten in ihren Bahnen verschieben, bleiben die anderen Sterne fest auf einer Position am Himmel (durch die Erddrehung wandern sie über den Nachthimmel, aber ihre Winkel zum Betrachter bleiben gleich). Daher kommt die Bezeichnung „Fixsternhimmel" für alle Himmelskörper außerhalb des Sonnensystems. Diesen Fixsternhimmel haben nun schon die alten Kulturen in Sternbilder aufgeteilt: im Westen sind das die zwölf Tierkreiszeichen. Zu jedem Zeichen, Widder, Stier, Zwilling usw., gibt es am Himmel ein passendes Sternbild. Diese Sternbilder liegen genau auf dem Band, in dem sich die Himmelskörper des Sonnensystems bewegen. So erklärt es sich, dass, wenn sich „Mars im Sternzeichen des Widders" und „Jupiter im Sternzeichen des Wassermanns" befindet, sich dieser Himmelskörper gerade über jenem Sternbild beobachten lässt.

Die Erde dreht sich ja bekanntlich um die Sonne, aber man könnte auch sagen, die Sonne drehe sich um die Erde – es ist schließlich dem Betrachter überlassen, welchen der beiden Körper er als ruhend betrachtet. Jahrtausende lang galt die

Erde als Zentrum des Universums, um das Sonne, Mond und Sterne kreisen. Nimmt man nun die Erde als ruhenden Pol, um den die Sonne kreist, so dreht sich einerseits die Sonne einmal täglich um die Erde, andererseits umkreist sie einmal jährlich die Erde, relativ zum Fixsternhimmel. Das konnten schon die alten Völker berechnen: Obwohl der Fixsternhimmel am Tag nicht sichtbar ist, konnten sie berechnen; vor welchem Sternbild sich die Sonne befindet. Dieses Sternbild ist das, welches in der Astrologie verwendet wird (es heißt daher auch „Sonnenzeichen").

Rechnet man für den gesamten Kreis 360°, so ist der Ausschnitt jedes einzelnen der zwölf Zeichen 30°. Und heute, wenn man den Standpunkt der Sonne berechnet, erhält man ein anderes Tierkreiszeichen als vor 2000 Jahren: Kleinste Wirkungen von anderen Himmelmassen und die abgeplattete Form der Erde sind unter anderem dafür verantwortlich, dass sich das „astronomische Jahr" gegenüber dem kalendarischen Jahr um eine Winzigkeit verschiebt, bisher etwa um ein Sternzeichen oder 30°. Wenn Sie also vom Sternzeichen Schütze sind, ist in diesem Monat die Sonne genau vor dem Sternzeichen des Skorpions. Dieser „Präzession" genannte Effekt ähnelt dem eines Kreisels, dessen Achse sich verschiebt, während er seine Bahn zieht. In 25 780 Jahren wird der Tierkreis einmal durchlaufen, und Daten und Sonnenaufenthalt fallen wieder zusammen.

Sternzeichen (Lat.)	Daten	Sonnenaufenthalt[35]
Widder (Aries)	21.03.-20.04.	18.4.-13.5.
Stier (Taurus)	21.04.-20.05.	13.5-22.6.
Zwillinge (Gemini)	21.05.-21.06.	21.6.-21.7.
Krebs (Cancer)	22.06.-22.07.	21.7.-11.8.
Löwe (Leo)	23.07.-23.08.	11.8.-16.9.
Jungfrau (Virgo)	24.08.-23.09.	16.9-31.10.
Waage (Libra)	24.09.-23.10.	31.10.-23.11.
Skorpion (Scorpius)	24.10.-22.11.	23.11.-18.12.
Schütze (Sagittarius)	23.11.-21.12.	18.12.-21.1.
Steinbock (Capricornus)	22.12.-20.01.	21.1.-17.2
Wassermann (Aquarius)	21.01.-19.02.	16.2.-12.3.
Fische (Pisces)	20.02.-20.03.	12.3.-18.4.

Sinn dieser Anmerkungen zur Astronomie und Astrologie war es, zu zeigen, dass man in der Astronomie schon sehr viel erreichen kann, ohne sich heutiger Technik und Wissenschaft zu bedienen. Der Großteil des Beschriebenen war schon den alten Griechen, Römern und späteren Forschern in Ägypten bekannt, einiges auch den alten Ägyptern und Sumerern. Die Festlegung der zwölf westlichen Tierkreiszeichen stammt etwa von Ptolemäus, der in Alexandria im zweiten Jahrhundert n. Chr. lehrte.

Das nun folgende Paradoxon, das Olbers-Paradox, kann man ebenfalls ohne wissenschaftliche Vorbildung formulieren:

Wenn es unendlich viele Sterne am Himmel gibt, warum ist er dann nicht taghell?

---

[35] Diese Angaben sind Schätzwerte und weichen bis zu 2 Tagen voneinander ab

Benannt nach Heinrich Wilhelm Olbers, einem Bremer Astronomen und Arzt, der es 1826 formulierte, liegt der Ursprung
der Frage noch viel weiter zurück. Schon Johannes Kepler
fand es 1610, außer ihm noch Edmond Halley, Namensgeber
des Halleyschen Kometen, und Philippe Loys de Cheseaux, ein
Schweizer Astronom des 18. Jahrhunderts. Dass der Kosmos
keine Himmelskuppel ist, wie es das ptolemäische Weltbild beschrieb, wusste man seit der Entdeckung von Nikolaus Koper-
nikus, der die Sonne ins Zentrum des Kosmos stellte; zu Kep-
lers Zeiten ging man von einem räumlich unendlichen Universum aus, das schon unendlich lange existierte und in dem
Sterne gleichförmig verteilt und gleich hell sind. Mit diesen
Annahmen kommt man zu folgenden Überlegungen: Überall,
wo man hinschaut, sollte man einen Stern sehen.

Das Licht entfernterer Sterne nimmt ab, und zwar mit dem
Quadrat des Abstandes. Es gibt aber in einem bestimmten Ab-
standsbereich auch eine quadratisch ansteigende Anzahl von
Sternen, sodass sich der Effekt ausgleicht und man aus jedem
Abstandsbereich gleich viel Sternenlicht bekommen sollte[36].
Das folgende Bild zeigt zwei solche „Zwiebelschalen“:

---

[36] Als Erklärungshinweis nehme man eine „Zwiebelschale“ mit innerem Radius r und äußerem R. Dann ist das Volumen eines Balls des äußeren Radius
gleich $^4/_3 \pi R^3$, das des inneren gleich $^4/_3 \pi r^3$. Die Differenz ist dann gleich
$^4/_3 \pi(R^3 - r^3)$, was ungefähr gleich $4\pi (R-r) r^2$ ist. Hält man d = R−r konstant,
so erhält man den quadratischen Zusammenhang.
Für die Abnahme der Lichthelligkeit erhält man als Erklärung, dass die gleiche Anzahl Lichtteilchen (Photonen) auf eine immer größere Kugeloberfläche trifft, je weiter man sich von einem Stern entfernt. Die Lichtintensität ist
dann diese Anzahl von Photonen geteilt durch die Oberfläche, für die die
Formel A = $4\pi r^2$ gilt. Wenn L die Anzahl der Photonen sind, erhält man
$L/4\pi r^2$ als durchschnittliche Leuchtkraft.

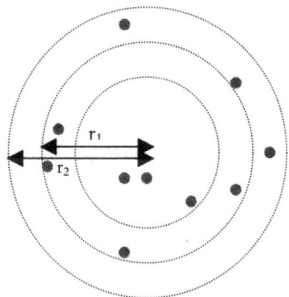

Das Licht der Sterne vom Radius r_1 hat eine Helligkeit proportional zu $1/r_1^2$, was größer ist als $1/r_2^2$, die Helligkeit der Sterne im Abstand r_2. Es gibt aber in einer Schale vom Abstand r auch r^2 Sterne, also in der zweiten Schale r_2^2, was größer ist als r_1^2. Diese Effekte heben sich auf, sodass aus jeder Schale gleich viel Licht zum Betrachter dringt. Da es nun unendlich viele solcher Schalen gibt, sollte nun „unendlich viel Licht" aus jedem Winkel des Himmels zur Erde gelangen. Nimmt man an, Licht würde von im Wege stehenden Sternen wieder geschluckt, so müsste immer noch jeder Winkel des Himmels von einem Stern abgedeckt werden, also der Nachthimmel so hell wie die Sonne leuchten.

Außer dem eigentlichen Paradox ergibt diese Vorstellung noch andere Unstimmigkeiten. Licht besteht ja, wie man seit Einstein weiß, aus kleinen Partikeln, den Photonen. Dieses Wissen hatten die Astronomen früherer Jahrhunderte noch nicht, es genügt aber die Vorstellung, dass Licht ein Träger von Energie ist. Wenn aus jeder Richtung nun unendlich viel Energie auf jeden Punkt gelänge – und das seit ewigen Zeiten –, sollte sich die Masse an jedem Punkt unendlich erhitzen, was offensichtlich nicht der Fall ist.

Nun gibt es auf der Erde auch verschiedene Gründe, warum man an einem Ort mehr Sterne sehen kann als an einem anderen. Hat man einmal Ferien an einem Ort mit wenig Luftpartikeln und –feuchte gemacht, weit weg von einer menschlichen Siedlung (beispielsweise in der Wüste), wird man sich erinnern, wie unglaublich hell und zahlreich einem die Sterne vorgekommen sind. Der Himmel erscheint übersät mit ihnen, so sehr, dass einzelne Sternbilder kaum mehr zu erkennen sind. Was verdeckt die Sterne in einer mitteleuropäischen Stadt? – Zuerst einmal filtern Luftfeuchtigkeit und Umweltverschmutzung auch an klaren Tagen viel des ankommenden Lichtes weg. Dann gibt es das Phänomen der „Lichtverschmutzung": die Hunderte von Straßenbeleuchtungen, dazu Lichter aus Büros und Privathäusern. Diese Lichter überstrahlen das Licht der Sterne: ein Effekt, der auch auftritt, wenn ein voller Mond am Himmel erscheint, von der Sonne ganz zu schweigen.

Könnte nun auch im Kosmos verteilter Staub der Grund sein, warum nicht mehr Sternenlicht auf der Erde ankommt? Diese These war früher, zu Olbers Zeiten, die gängigste. Es gibt Staubwolken zwischen den Sternen und Galaxien, die scheinbar dunkle Flecken im Himmel ergeben. Allerdings gäbe es mit den hier gemachten Annahmen von unendlichem Raum und unendlicher Zeit ein Problem. Staub, wie jede Materie, reflektiert einen Teil des Lichtes, das auf ihn trifft, und absorbiert einen anderen. Der reflektierte Teil verlässt die Materie wieder (und kann dann von einem Beobachter aufgefangen werde, macht das Objekt also sichtbar), der absorbierte Teil steigert dagegen dessen Temperatur. Dieses Prinzip arbeitet z.B. im Mikrowellenherd: hier werden Mikrowellen, langwelligere

Strahlung als sichtbares Licht, auf ein Objekt, z.B. eine Tasse Milch, geschossen. Die Milch absorbiert einen Teil der Strahlung und erhitzt sich. Dasselbe passiert auch im Bereich sichtbaren Lichtes, nur wird hier weniger Strahlung absorbiert.

Wie die Milch, würde auch der Staub immer wärmer werden. Dann passiert jedoch etwas, das sich auch im Normalleben beobachten lässt: Heiße Objekte fangen an zu glühen, geben also wieder Licht ab. Schließlich würde das Gas so heiß werden, dass es genauso viel Licht abgeben würde, wie es absorbiert, es wäre also genauso hell wie sein Hintergrund. Diese Erklärung scheidet also aus.

Eine weitere Möglichkeit wäre, dass die Sterne nicht gleich hell sind – sie also in der Entfernung schwächer leuchten. Dann müsste man aber erklären, warum gerade das Sonnensystem im hell leuchtenden Zentrum des Universums liegt. Die Sterne leuchten nicht in einem Ende des Nachthimmels heller als in einem anderen, wir müssten also fast exakt im Bereich mit der höchsten Leuchtkraft liegen, was unwahrscheinlich ist. Man müsste also Gründe suchen, warum die Leuchtkraft unterschiedlich ist und warum in unserer Umgebung am stärksten. Alternativ könnte man annehmen, es gäbe je weiter entfernt, desto weniger Sterne konstanter Leuchtkraft. Auch hierfür fehlt eine einleuchtende Begründung.

Oder man nimmt an, der Kosmos sei nicht unendlich groß oder unendlich alt. Wenn er nur endlich groß ist, gibt es nur endlich viele „Zwiebelschalen", aus denen Licht zu uns dringt. Warum nicht unendlich alt? Weil das Licht mit seiner endlichen Geschwindigkeit dann nur aus einem bestimmten Radius um die Erde uns erreichen könnte. Nimmt man an, die Erde wäre T Jahre alt, so würden wir auch nur maximal T Lichtjahre entfernte Objekte wahrnehmen.

Wahrscheinlich wissen Sie bereits, dass man heute den Kosmos sowohl für endlich als auch für nicht ewig hält. Diese Theorie wurde zuerst vom russischen Mathematiker und Kosmologen Alexander Friedman entdeckt und später von Edwin Hubble (1889–1953) nachgewiesen, einem amerikanischen Astronomen, der in den zwanziger Jahren am Mount Wilson Observatorium bei Los Angeles forschte. Man hatte schon früher zwischen den regulären Sternen der Milchstraße kosmische „Nebel" gefunden, deren Ursprung aber unklar war. Man hielt sie für leuchtenden interstellaren Staub. Mittels eines neuen Teleskops, damals dem stärksten der Welt, fand er heraus, dass die Nebel ebenfalls Galaxien sind, unsere Milchstraße also nur eine von Milliarden anderer im Universum ist[37].

Weiter erkannte er, dass das Licht dieser Galaxien im Vergleich zu unserer eigenen rot-verschoben ist. Dieser als *Dopplereffekt* bezeichnete Effekt tritt auf, wenn sich eine Lichtquelle vom Betrachter wegbewegt (es ist analog zu der Beobachtung eines vorbeifahrenden Rennwagens: Kommt er auf einen zu, sind seine Schallfrequenzen und damit die Tonlagen seiner Motorgeräusche höher, entfernt er sich, sind sie niedriger). Je weiter eine Galaxis von uns entfernt ist, umso stärker ist diese Rot-

---

[37] Er verwendete geometrische „Tricks", um die Entfernung von Himmelskörpern zu bestimmen. Die Idee ist die, dass man in einem halben Jahr Abstand den Winkel zu einem Stern oder Nebel misst. Mittels einer „Triangulation" genannten Methode kann man aus der Differenz der Winkel und dem Abstand der Punkte auf ihrem Weg um die Sonne den Abstand berechnen.

verschiebung, also umso größer ihre Fluchtgeschwindigkeit. Das Universum gleicht also einem explodierenden Ball. Heute ist diese Theorie des Kosmos als *Urknalltheorie* bekannt[38]. Nach Hubble ist übrigens auch das *Hubble Space Telescope*, ein im Orbit kreisendes Satellitenfernrohr, benannt.

Die Rotverschiebung liefert auch noch eine letzte Erklärung für das Olbers-Paradox. Licht, das ins Rote verschoben ist, hat weniger Energie als das unverschobene. Je blauer nämlich Strahlung ist, desto energiereicher, je röter, umso energieärmer ist sie. Wird sie jenseits des roten Randes des Spektrums gedrückt, in den infraroten Bereich, kann der Mensch sie nicht mehr wahrnehmen. Dies könnte eine weitere Erklärung des dunklen Nachthimmels sein.

Nach heutiger Ansicht ist nur eine der drei letzten Erklärungen im Wesentlichen für das Olbers-Paradox (oder den Olbers-Effekt) zuständig, das endliche Alter des Universums. Die Rotverschiebung würde nur für eine geringe Verdunklung des Nachthimmels sorgen. Mit dem Alter des Universums sieht es anders aus: Wir können Licht Empfangen, das (in kosmischen Dimensionen) fast so lange unterwegs war, wie das Universum alt ist, 13,7 Milliarden Jahre. Das Hubble-Teleskop fing Licht auf, das zwischen 400 und 800 Millionen Jahre nach dem Urknall abgegeben wurde. Wir können also fast so weit sehen wie die theoretische Höchstgrenze: ein Ball von 13,7 Milliarden Lichtjahren.

---

[38] Das Bild einer Explosion ist nur bedingt zutreffend, weil im Urknall sich nicht die Sternenmassen im Raum ausdehnen, sondern der Raum selber. Er ist auch kein dreidimensionaler Ball, sonder in vier Dimensionen gekrümmt.

Kosmische Hintergrundstrahlung (Radiowellen)

Heute nimmt man an, dass das Universum mindestens 75 Milliarden Lichtjahre groß ist; über seine Form wird noch gestritten. Neil Cornish von der Montana State University und Kollegen haben eine Alternative für das bisher bevorzugte Fußballmodell vorgeschlagen: einen Torus oder Schwimmring, allerdings in vier Dimensionen. Viele Faktoren, etwa die genaue Verteilung von Masse und Energie, beeinflussen die Lichtmenge, die uns aus dem Kosmos erreicht.

Dass das Universum sich dann scheinbar mit Überlichtgeschwindigkeit ausgedehnt haben muss, ist ein weiteres Pseudoparadox der Kosmologie.

Quanten-Strickmuster

Die Welt der Quanten ist vielen ein Buch mit sieben Siegeln. Die Theorie erschien Physikern Anfang des letzten Jahrhunderts als unsinnig – die Nationalsozialisten bezeichneten sie als „jüdische Physik", machten aber doch für ihre Atomforschung Gebrauch davon. Auch Albert Einstein misstraute der neuen Theorie; er prägte den bekannten Ausspruch *Gott würfelt nicht*. Allerdings war er zu sehr Physiker, als dass er die experimentellen Erfolge der Theorie übersehen konnte; er hielt sie für unvollständig. Bis zu seinem Lebensende suchte er nach einer Theorie, die diesen Makel beseitigen würde.

Im Jahr 1933, als die Quantentheorie im wesentlichen entdeckt war, konstruierte er mit den Physikern Boris Podolsky und Nathan Rosen ein Gedankenexperiment, um die Unvereinbarkeit der Quantentheorie mit seiner Relativitätstheorie zu zeigen.

Einstein selbst hatte der Quantenphysik den Weg geebnet, mit seinem Beitrag von 1905, in dem er den so genannten photoelektrischen Effekt erklärte. In diesem Effekt wird ein Metall mit Licht bestrahlt, wodurch es Elektronen freisetzt. Nun experimentierte man mit verschiedenen Wellenlängen und Filtern und fand heraus, dass nur Licht einer genügend großen Frequenz dazu in der Lage war. Da die Stärke, also die Energie eines Lichtstrahls aber von seiner Amplitude und nicht von der Frequenz abhängt, konnte man den Effekt damit nicht beschreiben. Wenn man aber, wie Einstein, Photonen auch als Teilchen sah (der so genannte Welle-Teilchen-Dualismus), so konnte man eine Erklärung finden. Denn Elektronen haben in Atomen nur bestimmte Energiezustände, die Quanten, wie Max Planck gezeigt hatte. Wenn ein einfallendes Photon diese Energie nicht überschritt, konnte das Elektron nicht auf eine höhere Bahn gehoben und schließlich vom Metall gelöst werden, egal, wie viele Photonen auftrafen.

Die Geschichte der Atomtheorie begann mit den alten Griechen; der Vorsokratiker Demokrit (460–370 v. Chr.) war ihr bekanntester Vertreter. Atom heißt wörtlich das Unteilbare. Man postulierte, die Materie bestehe aus unendlich vielen Atomen, die den unendlich ausgedehnten, leeren Raum füllten. Sie seien ewig, und so klein, dass sie nicht mehr verkleinert werden könnten, völlig kompakt und nicht komprimierbar. Sie unterschieden sich nur in Form, Anordnung, Position und Größe; selbst die Seele bestehe aus Atomen – eine frühe Form des Materialismus. Sie behaupteten schon, Eigenschaften von Körpern, wie Geruch und Flüssigkeit, würden nur durch die Anordnung der Atome bestehen, die selbst nur durch ihre Größe unterschieden wären. Wie in der modernen Physik wären Masse und Energie konstant. Die Griechen waren aus rein theoretischen Überlegungen auf die Atomtheorie gekommen.

Die Atomtheorie geriet dann in Vergessenheit; Jahrhunderte lang waren die Vorstellungen des Pythagoras vorherrschend, die Materie setze sich aus vier Elementen, Feuer, Wasser, Luft und Erde zusammen. Erst Ende des 17. Jahrhunderts wurde die Atomtheorie wieder aufgegriffen, unter anderem um chemische Eigenschaften von Stoffen zu erklären. Ende des 19. Jahrhunderts fand man dann heraus, dass das Atom aus noch kleineren Partikeln besteht, Protonen, Neutronen und Elektronen, und dass der Raum zwischen den Kernbestandteilen leer war. Das erste Atommodell, das diese Erkenntnis verwendete, war das „Rosinenkuchenmodell", in dem die Elektronen in einer Wolke um den Kern schwebten, worauf ein Modell mit Elektronen, die auf Bahnen oder Schalen um den Kern kreisen, folgte. Nach Entdeckung der Quantenphysik ging man von „Orbitalen", also Zustandsräumen aus, in denen sich die Elektronen mit hoher Wahrscheinlichkeit aufhalten.

Man spricht also nicht mehr von dem Ort eines Elementarteilchens als Punkt im Raum, sondern hat sie sich als nach einer Wahrscheinlichkeitsverteilung gestreut vorzustellen. Man könnte also sagen, ein Elektron wäre „überall gleichzeitig", allerdings an einem Ort mit viel größerer Wahrscheinlichkeit als an einem anderen.

Auch andere Größen eines Teilchens, wie seine Geschwindigkeit oder Energie, sind zufallsverteilt. Die Größen hängen paarweise voneinander ab, gemäß der Heisenbergschen Unschärferelation: Misst man das eine sehr genau, schränkt also seinen „Zufallsspielraum" stark ein, wird das andere um so zufälliger. Misst man etwa den Ort eines Photons sehr genau, indem man es durch einen kleinen Schlitz schickt, wird die zufällige Abweichung seines Impulses sehr groß, es wird also gestreut. Die Wahrscheinlichkeit wird durch die „Wellenfunktion" ausgerechnet, und die genaue Messung stellt einen Kollaps der Wellenfunktion dar; der Zufallsspielraum wird eingeschränkt.

In der subatomaren Welt sind nicht nur die Energiezustände von Elektronen und anderen Elementarteilchen diskret, sondern auch andere Größen, die nur in einem bestimmten Verhältnis auftreten können. So kann ein bestimmter *Spin*, ein Analogon zum Drehimpuls, nur in den Größen $+ 1/2$ und $- 1/2$ auftreten. Wie beim Drehimpuls gilt ein Erhaltungssatz: Die Summe der Spins bleibt gleich. Auch Ort und Geschwindigkeit zweier Teilchen können miteinander gekoppelt sein, das Phänomen der *Verschränkung*. So kann man den Spin eines Teilchens nur ändern, wenn sich der Spin des anderen Teilchens auch ändert.

Diese Phänomene nutzt das Gedankenexperiment von Einstein, Podolski und Rosen aus. Man untersucht zwei Elementarteilchen, bei denen zwei Größen verschränkt sind, etwa Ort und Impuls (Masse mal Geschwindigkeit) und die in entgegengesetzte Richtungen des Raumes fliegen. Da sie verschränkt sind, bestimmt der Impuls des einen auch den Impuls des anderen, ebenso der Ort des einen den Ort des anderen. Nun wird in einigen Kilometern Entfernung je eine Messung angestellt.

Es ergeben sich nun zwei Möglichkeiten, die beide Widersprüche zu den Vorstellungen der Physik hervorrufen: Misst man nur ein Teilchen, sodass dessen Wellenfunktion kollabiert, so kollabiert auch die Wellenfunktion des anderen Teilchens, da sie verschränkt sind. Der Effekt würde sich schneller als mit Lichtgeschwindigkeit ausbreiten, da der Kollaps der zweiten Wellenfunktion zeitgleich geschieht; ein Widerspruch zur speziellen Relativitätstheorie. Man könnte scheinbar mit Überlichtgeschwindigkeit kommunizieren. Wenn dies nicht geschieht, könnte man die Unschärferelation „austricksen", indem man beim einen Teilchen den Ort, beim anderen den Impuls misst – man hätte dann auch die Werte des jeweils anderen Teilchens, da sie entgegengesetzt gleich sind, also sowohl Impuls als auch Ort, ein Widerspruch zur Unschärferelation.

*Zwei verschränkte Elektronen werden in
entgegengesetzte Richtung geschossen*

Beim Elektron 1   *Beim Elektron 2*
wird der Ort gemessen   *wird der Impuls gemessen*

Das „Paradox" wurde gelöst, indem die erste Lösung als die tatsächliche erkannt wurde. Erstens können Eigenschaften einander wirklich über beliebige Distanzen beeinflussen, die Quantentheorie ist also „nicht-lokal". Einstein hatte geglaubt, die Quantentheorie wäre nur eine statistische Annäherung an eine darunter liegende Theorie, deren „versteckte Variablen" das Verhalten der Elementarteilchen erklären könnte. In den Sechzigern bewies John Bell, dass das nicht der Fall ist: die Formeln der Quantenmechanik beschreiben die Wirklichkeit exakt. Seine Voraussagen wurden seit den siebziger Jahren experimentell nachgeprüft. Während in den Dreißigern das Experiment noch ein Gedankenexperiment war, kann man es heute realisieren. Man verwendet Photonen, bei denen die Polarisierung, also die Schwingrichtung der Wellen, verschränkt ist. Sie werden nach der Erzeugung getrennt und über Glasfasern mehrere hundert Kilometer weit gesandt, bevor ihre Polarisierung gemessen wird.

Heute kann man die Verschränkung von Lichtphotonen sogar praktisch nutzen, durch die „Quantenkryptographie". Hierzu versendet man Photonen einer Polarisierungsrichtung über eine Glasfaser oder Antenne. Wenn die Nachricht zwischendurch abgehört wurde, ist die Polarisationsrichtung geändert, was man später feststellen kann – man erhält eine abhörsichere Datenleitung.

Nach Einsteins Meinung würden „nicht-lokale" Effekte der Quantenmechanik die Relativitätstheorie verletzen, da sie Informationsübertragung mit Überlichtgeschwindigkeit erlauben würden. Nach heutiger Auffassung der meisten Physiker ist das jedoch unmöglich; es wird durch einen Quanteneffekt verhindert.

Wo sind sie?

Vor ein paar Jahren kam ein unterhaltsamer Film in die Kinos mit dem Titel „Men in Black". Will Smith und Tommy Lee Jones waren Mitglieder einer geheimen Polizeitruppe, die sich um Aliens kümmern musste, die mitten unter uns lebten. In unscheinbaren Katzen und Rentnern steckten die Außerirdischen, um so inkognito unter normalen Erdenbürgern ihr Leben zu fristen. Überhaupt ist die Vorstellung und Beschäftigung mit Aliens heute eine völlige Normalität im Alltag. Computerspiele, Filme, Comics, Science-Fiction-Romane, Spielzeug – sie sind allgegenwärtig.

Aliens als Hauptthema der Unterhaltungsindustrie sind allerdings erst im Laufe des letzten Jahrhunderts populär geworden. Kant sprach zwar von Philosophie, die „jedem vernünftigen Wesen" einleuchten müsste, hat aber nicht weiter präzisiert, wie etwa nicht-menschliche „vernünftige Wesen" aussehen würden. Ende letzten Jahrhunderts begann dann schon mit H. G. Wells Romanen, etwa der „Zeitmaschine", das Genre des Science Fiction und damit die Beschäftigung mit Außerirdischen. Er schrieb dazu auch einen Roman, „Krieg der Welten"[39].

Als sich dann Mitte des letzten Jahrhunderts das Wissen um den Kosmos vertieft hatte, man also wusste, dass es „da drau-

---

[39] Als Hörspiel wurde es von Orson Wells Anfang des Jahrhunderts im Radio gesendet; viele Menschen hielten die Angaben für echt und verfielen in Panik.

ßen" viele Milliarden von Galaxien mit jeweils wieder Hunderten Millionen von Sternen gibt, begann man sich mit den „Aliens" auch wissenschaftlich zu befassen. Schließlich wäre es doch ein enormer Zufall, wenn nur hier auf der Erde sich Leben gebildet hätte, wenn doch die Wahrscheinlichkeit für ein ähnliches Sternensystem wie unsere Sonne sehr hoch wäre. Auf einigen dieser Planetensysteme sollte sich Leben entwickelt haben, auf einigen von diesen höher entwickelte Kreaturen und schließlich Intelligenz.

Anfang der fünfziger Jahre saßen vier Physiker, Emil Konopinski, Edward Teller, Herbert York und Enrico Fermi in der Kantine im *Los Alamos National Laboratory* in den USA und aßen zu Mittag. An diesem Institut wurde die Wasserstoffbombe unter der Leitung Tellers erforscht, und Fermi war zu Besuch. Das Gespräch kam darauf, dass in New York Mülltonnen verschwunden seien, worauf der *New Yorker* einen Cartoon mit kleinen grünen Männchen zeigte, die aus fliegende Untertassen ausstiegen und die Mülltonnen klauten. Fermi bezeichnete das als eine gute Lösung, da sie auch die kürzlich berichteten Sichtungen von fliegenden Untertassen erklärten[40]. Unvermittelt stellte Fermi darauf die Frage in den Raum: „Wo sind sie?" – gemeint waren die Aliens. Daraufhin unterhielt man sich über Möglichkeiten der interstellaren Raumfahrt, darüber, ob wir in einem abgelegenen Teil der Galaxis lebten, dass erdähnliche Planeten selten seien und über andere Gründe, warum

---

[40] Zu dieser Zeit waren Satelliten und Raumfahrt nur theoretische Konzepte, man hatte bis dahin mit Ballons sowie beschlagnahmten deutschen V2 Raketen erste Vorstöße in den Weltraum gemacht. Das russische Sputnik I war 1957 der erste echte Satellit; er entfachte das „Space Race".

wir noch nicht von Außerirdischen besucht wurden. Diese Frage wurde seither „Fermi-Paradox" genannt.

Heute ist diese Frage samt ihren Begründungen allgegenwärtig sowohl unter Hobbyastronomen als auch unter Wissenschaftlern, die sich von Berufs wegen mit Problemen dieser Art befassen. Die Frage wirft viele weitere auf, etwa wie wahrscheinlich auf einem Planeten die Entstehung von Leben ist, welche Möglichkeiten es für interstellare Raumfahrt über weite Strecken gibt und ob es andere Möglichkeiten der Kommunikation als unsere mittels Radiowellen gibt. Es gibt zu diesem Thema allerdings unzählige Theorien und Untertheorien, von denen einige eher aus dem Bereich „Fiction" als „Science" stammen, und so sollen hier nur die häufigsten Fragen und Lösungsvorschläge behandelt werden.

Die erste und vielleicht wichtigste Frage ist, wie viele Planeten mit „außerirdischer Intelligenz" es denn überhaupt gibt. Ist ihre Zahl sehr gering, also nur einige wenige pro Galaxis, so wäre es nicht so verwunderlich, dass sie die Erde noch nicht entdeckt hätten und uns kolonisieren oder mit uns kommunizieren würden. Diese Frage ist nun einerseits sehr interessant und andererseits sehr spekulativ – schließlich haben wir außer der Erde noch keine Anzeichen für irgendein extraterrestrisches Leben, geschweige denn intelligente Aliens entdeckt.

Der Anfange von systematischer Behandlung des Themas ist eine Gleichung, die nach Frank Drake, der sie 1960 veröffentlichte, Drake-Formel genannt wird. Sie lautet:

$$N = R^{\star} \times f_P \times n_E \times f_L \times f_I \times f_k \times L.$$

Hierbei ist

- $R^\star$ die Rate in der Sterne pro Jahr in unserer Galaxis entstehen, die für Leben geeignet sind;
- f_P der Anteil dieser Sterne, der ein Planetensystem hat;
- n_E die durchschnittliche Anzahl von Planeten um einen solchen Stern, auf denen Leben möglich ist;
- f_L der Anteil dieser Planeten, auf dem wirklich Leben entsteht;
- f_I der Anteil dieser belebten Planeten, auf denen sich Intelligenz entwickelt;
- f_k der Teil dieser von intelligenten Lebewesen bevölkerten Planeten, die willig und fähig sind, mit uns zu kommunizieren;
- L die durchschnittliche Lebensdauer einer solchen Zivilisation.

Jeder dieser Punkte muss diskutiert werden – einige davon sind pure Spekulation. Deshalb ist diese Formel eher als Illustration denn als seriöse Theorie zu verstehen.

Nun zu den einzelnen Faktoren. Im Bayerischen Fernsehen läuft die informative und unterhaltende Sendung *Alpha Centauri* von Prof. Harald Lesch, in der Fragen der Kosmologie und der Physik behandelt werden (es gibt sie auch auf DVD im Handel. Fragen wie die des Fermi-Paradoxes werden dort im Detail erörtert). In einer dieser Sendungen behandelt er die Frage, welche Sterne zur Entwicklung von Leben geeignet sind.

Ein solcher Stern, der für Leben taugt, muss noch (a) Planeten haben und die müssen (b) für Leben geeignet sein. Hier haben sich seit damals einige interessante Dinge verändert. In den Siebzigern führte man Tauchexpeditionen durch, um den so genannten mittelatlantischen Rücken zu erforschen. Das ist ein unterseeisches Gebirge, das längs des Atlantiks verläuft und durch die Drift der Kontinente entsteht. Die Erdkruste ist hier sehr dünn, und es gibt viel vulkanische Aktivität. Bei dieser Tauchexpedition fand man etwas sehr Überraschendes: In und um solche vulkanisch aktiven Gebiete, genannt *schwarze Raucher*, weil sie dunkles, schwefelhaltiges heißes Wasser ausstoßen, lebte ein reichhaltiges Ökosystem. Rohrwürmer ernährten sich von den Bakterien, die ihrerseits ihre Energie aus dem mehrere hundert Grad heißen schwefelhaltigen Wasser zogen, Krebse und Fische wiederum fraßen die Rohrwürmer. Das Ökosystem war gänzlich unabhängig von der Energie der Sonne.

Seitdem hat man viele andere Lebensformen gefunden, die ohne Sonnenlicht auskommen. In Höhlen, ja selbst in ölhaltigen Gesteinsschichten fand man Lebewesen, die sich aus dem Abbau chemischer Energie dort vorhandener Verbindungen ernährte. Diese Lebewesen, meist urzeitliche Bakterien, werden wegen ihrer Widerständigkeit gegenüber Hitze, Säure, Druck usw. *Extremophile* genannt. Solche Lebensformen haben den Rahmen der Planeten, auf denen überhaupt Leben existieren könnte, beträchtlich erweitert. In unserem Sonnensystem könnten etwa auf dem Jupitermond Europa, unter dessen Eisdecke man flüssiges Wasser vermutet, Lebensformen wie die der schwarzen Raucher überleben. Auch auf anderen Planeten oder Monden könnte theoretisch Leben existieren, wenn auch keines, das mit den höheren Lebensformen auf der Erde vergleichbar ist. Das macht n_E sehr viel größer als bisher vermutet. Ob auf einem weiteren Himmelkörper in unserem

Sonnensystem wirklich Leben entstanden ist, ist bis heute unklar. Zum oben genannten Mond soll in den nächsten Jahren eine Mission geplant werden, die die Eisdecke durchbricht und Nachrichten von etwaigem Leben im Ozean darunter an die Erde übermittelt.Versuche, auf dem Mars nach Spuren von Leben zu suchen, haben bisher keine Erfolge erbracht.

Zurück zu den Sternen, um die Leben entstehen könnte. Einige sind so genannte „rote Riesen", Riesensterne, die ihre Energie viel schneller als die Sonne verbrennen, und so verglüht sind, bevor sich Leben entwickeln kann. Andere sind klein, „rote Zwerge" genannt: sie leben lange genug, sogar viel länger als die Sonne, da sie ihren Kernbrennstoff langsamer verbrennen. Um einen erdähnlichen Trabanten mit der Temperatur der Erde zu haben, müsste der dann sehr nahe um den Stern kreisen. Dadurch würde er allerdings aufhören, sich um die eigene Achse zu drehen – genauso wie der Mond keine Eigendrehung hat, sondern der Erde immer dieselbe Seite zukehrt. Dadurch wäre auf der einen Seite immer Tag und auf der anderen immer Nacht, was zu großen Temperaturunterschieden und damit verbunden orkanartigen Stürmen führen würde. Des Weiteren neigen sie zu Ausbrüchen von Strahlung, die eine mögliche Atmosphäre zerstreuen würde. Diese Planeten wären also wesentlich unwirtlichere Orte als unsere Erde. Viele weitere Gründe und Beobachtungen sprechen dafür, dass nur vielleicht 5 % der Sterne für Planeten mit höher entwickeltem Leben geeignet sind, einige mehr vielleicht für solche mit niedrigen Lebensformen.

Schließlich bleibt noch zu fragen, welcher Anteil Zivilisationen intelligenter Wesen hervorbringen könnte (f_l), wie lange diese überleben (L) und ob sie willig und bereit wären, mit anderen Zivilisationen zu kommunizieren (f_k). Intelligente Wesen im Sinne von höheren, mehrzelligen Organismen können in unserem Sonnensystem wohl nur auf der Erde entstehen. Selbst der Mond Europa ist vermutlich in seinen flüssigen Meeren für höheres Leben weniger geeignet als die Erde.

Dass die Erde eine Ausnahme unter den Himmelskörpern sein könnte, wurde in den letzten Jahren immer deutlicher und bekam die Bezeichnung *Rare Earth Hypothesis* (Hypothese des außergewöhnlichen Planeten). Zuerst muss ein Stern genug schwere Elemente in seinem Orbit haben, um erdähnliche Planeten zu bilden. Fehlen diese, etwa in den Außengebieten einer Galaxie, bilden sich nur Jupiter-ähnliche Gasplaneten.

Weiter liegt die Erde genau in einem recht schmalen Band, in dem Wasser weder permanent gefroren ist noch sofort verdampft. In unserem Sonnensystem liegt die Venus etwas zu nahe an der Sonne, während der Mars noch in das Band hinein fällt[41]. Weiter hat die Erde eine Atmosphäre, die kosmische Strahlung filtert und die Temperatur ausgleicht, abgesehen von ihrer Notwendigkeit zum Atmen. Ist ein Himmelskörper zu klein, hat er also zu wenig Masse, verflüchtigt sich seine Atmosphäre leichter, da die Anziehung auf die Luftmoleküle zu schwach ist. Das könnte ein Grund sein, warum der Mars heute fast keine Atmosphäre besitzt.

---

[41] Zur Temperatur auf einem Planeten trägt stark die Athmosphäre bei, da sie die Wärmestrahlung daran hindert, den Planeten wieder zu verlassen. Dies ist der Treibhauseffekt, der u.a. durch Wasserdampf und Kohlendioxid ausgelöst wird.

Weiter benötigt die Erde einen Trabanten, den Mond. Er sorgt dafür, dass sich die Drehachse der Erde, ihr Winkel gegenüber der Sonne, nicht ständig verschiebt. Gäbe es ihn nicht, würde wie bei einem Kreisel ihre Achse schwanken. Dann hätte man jedoch keine festen Klimazonen mehr, denn was heute der Äquator ist, könnte morgen schon Polarregion sein. Kürzlich haben Wissenschaftler festgestellt, dass ein Planet von der Größe der Erde eigentlich keinen so großen Mond haben dürfte. Grund für unseren „Übermond" ist wahrscheinlich ein Zusammenprall mit einem riesigen Fluggeschoss in der Entstehungsphase der Erde. Sie zerbarst fast völlig, und formierte sich neu als Erde und Mond – ein Ereignis, das einzigartig sein könnte. Erst die Größe des Mondes im Vergleich zur Erde stabilisiert deren Neigung gegenüber der Sonne ausreichend, was ein kleinerer Trabant nicht leisten könnte. Weiter soll der frühzeitliche Zusammenprall die Plattentektonik auf der Erde ermöglicht haben – auch sie ein Garant für unsere Lebenswelt.

Schließlich gibt es noch die Frage der Asteroiden, auch populär gemacht durch Hollywood im Spielfilm *Deep Impact*. Nach Meinung vieler Wissenschaftler haben einige Ereignisse in der Erdgeschichte mit Asteroideneinschlägen zu tun. So soll etwa ein gigantischer Einschlag vor 65 Millionen Jahren den Dinosauriern endgültig ein Ende bereitet haben. Diese Asteroiden treffen die Erde jedoch recht selten. Da man die Ablagerungen der Einschläge bei solchen Megacrashs finden kann (z.B. geschmolzener Sand oder auf der Erde seltene Elemente), kann man recht zuversichtlich sagen, wie häufig oder selten ein großer Komet die Erde trifft. Es zeigt sich, dass die Erde über Millionen Jahre hinweg von lebensbedrohlichen Einschlägen verschont geblieben ist. Ein Dauerbombardement mit Asteroiden hätte für die Tier- und Pflanzenwelt sehr negative Folgen, könnte sogar die Entstehung dauerhafter Lebensformen verhindern.

Die Erde wird jedoch von zwei Glücksfällen begünstigt. Zum einen drehen zwei Gasriesen, Saturn und vor allem Jupiter, ihre Bahnen jenseits der Erde. Sie wirken durch ihre Anziehungskraft wie „Staubsauger": Die meisten Asteroiden, die von den äußeren Bereichen des Sonnensystems Richtung Erde fliegen, werden in ihr Schwerefeld gezogen und stürzen in sie hinein. Einen solchen Aufprall konnte man vor einigen Jahren beobachten, als der Komet Schoemaker-Levy 9 zuerst zerbrach und dann in den Jupiter stürzte. Vor allem in der Frühzeit des Sonnensystems, als es noch von frei herumfliegenden Trümmerteilen wimmelte, hielten sie die Erde von einem Dauerbombardement relativ frei.

Zum anderen liegt das gesamte Sonnensystem auf einem besonders ruhigen, sicheren Seitenarm der Galaxis. Um unseren Heimatstern gibt es mehrere Ringe von planetarischer Materie – Staub, Kometen und Kleinstplaneten –, den Hauptgürtel zwischen Mars und Jupiter, den Kuipergürtel und die Oortsche Wolke. Die Brocken in diesen Gürteln stammen wohl noch aus der Zeit der Entstehung des Sonnensystems und haben sich auf stabilen Bahnen um die Sonne festgesetzt. Sie zeigen normalerweise keine Anzeichen, sie in Richtung Sonne oder Weltraum zu verlassen. Dies kann sich ändern, wenn ein starkes Massezentrum, z.B. ein anderer Stern vorbeifliegt. Durch die zusätzliche Schwerkraft gerät das Gleichgewicht durcheinander, und einzelne Brocken können ihre Stabilen Bahnen verlassen. Daher ist es wichtig, dass sich die Sonne auf einer stabilen Kreisbahn um das Zentrum der Galaxie befindet. Wäre sie schneller oder langsamer, würde sich häufig andere Sonnensysteme kreuzen und sich so unerwünschter Gravitation aussetzen.

Schließlich gibt es verschiedene Orte in der Galaxie, die zwar stabil sind, aber zu viel lebensfeindlicher UV- und Gammastrahlung ausgesetzt sind. Auch in dieser Hinsicht ist die Lage des Sonnensystems in der Galaxie günstig. All dies spricht dafür, dass die Voraussetzungen für unser hoch entwickeltes, mehrzelliges Leben selten sind. Hier wird allerdings angenommen, dass sich außerirdisches Leben genau wie menschliches entwickelt hat. Der Phantasie sind keine Grenzen gesetzt, wie sich Leben woanders vom hiesigen unterscheiden könnte.

Die Suche nach Signalen anderer Zivilisationen hat schon früh begonnen, mit einem Artikel zweier Physiker, Giuseppe Cocconi und Philip Morrison, in dem sie die besten Frequenzen für interstellare Kommunikation untersuchten. Viele Wellenbereiche sind für Kommunikation nicht geeignet, weil sie durch Störeffekte überlagert werden. Es stellte sich eine Bandbreite von 1–10 Ghz, im Bereich der Mikrowellen, als ideal heraus[42]. Frequenzen, die darunter liegen, werden durch so genannte Synchrotronstrahlung gestört, solche, die darüber liegen, durch Quanteneffekte und atmosphärische Störungen.

Schon 1960 suchte man mit einem ersten 25-m-Radioteleskop erstmals nach Botschaften aus dem All. Auch die Russen

---

[42] Ghz, Abkürzung für Gigahertz = 1 Milliarde Hertz. Ein Hertz ist eine Schwingung pro Sekunde.

waren an der Suche beteiligt: der sowjetische Astronom Iosif Shklovskii schrieb zusammen mit Carl Sagan 1966 das einflussreiche Buch *Intelligent Life in the Universe* (Intelligentes Leben im Universum). 1971 wurde in einer NASA-Studie der Vorschlag gemacht, im „Projekt Zyklop" 1500 Antennen für geschätzte 10 Mrd. $ zu bauen, jedoch nicht verwirklicht. Mitte der Siebziger schickte man eine Botschaft zu einem viel versprechenden Sternencluster, M13, in 25 000 Lichtjahren Entfernung u. a. mit codierten Botschaften über das Sonnensystem und einem stilisierten Menschen. Das dürfte allerdings eher symbolische Bedeutung gehabt haben, da das Signal mindestens 50 000 Jahre unterwegs sein wird.

Seit den Achtzigern kann man durch verbesserte digitale Signalverarbeitung ganze Frequenzbänder untersuchen, während vorher nur analoge Frequenzanalyse zum Einsatz gekommen war. Das Interesse öffentlicher Einrichtungen nahm merklich ab, das privater Geldgeber jedoch zu. Anfang der neunziger Jahre startete die NASA mit dem „Microwave Observing Program" (MOP) ihr letztes Programm für SETI, das aber nach nur einem Jahr eingestellt wurde. Die privaten Anstrengungen gingen jedoch weiter, angeführt durch das gemeinnützige „SETI Institute" in Kalifornien. Zusammen mit Universitäten und wohlhabenden Spendern wurde dort das Projekt weiterentwickelt, u. a. durch das SETI@home Computerprogramm. Dieses Programm läuft auf unbenutzten Rechnern weltweit und berechnet stückweise die aufgenommenen Radiosequenzen.

Der Erfolg der Bemühungen war jedoch gering. Abgesehen von einem angeblichen Signal Ende der Siebziger hat das Projekt nichts Vorzeigenswertes hervorgebracht. Offensichtlich gibt es wenig interstellare Radiokommunikation. Natürlich hat auch dies zu weiteren Spekulationen Anlass gegeben. Ein positives Ergebnis hat die jüngere SETI-Initiative jedoch sicher, nämlich eine Vielzahl von Initiativen, ungenutzte Rechenleistung zu verwenden. Heute werden mittels ähnlicher Programme immer größere Primzahlen gesucht, komplizierte Proteine berechnet u. v. m. So können für das Publikum interessante Projekte ohne massive staatliche Unterstützung verwirklicht werden.

Alles in allem wissen wir wenig bis nichts darüber, wie wahrscheinlich andere Zivilisationen in unserer Galaxis sind.

Back to the Future

Mancher kennt vielleicht noch den Film mit Michael J. Fox aus den achtziger Jahren des vorigen Jahrhunderts. Er handelt von Zeitreisen – ein Thema, das Paradoxien in Menge hervorbringt. Physiker sind sich sicher, wie im Kapitel zum Zwillingsparadox gesehen, dass Zeitreisen in die Zukunft nicht nur möglich, sondern in geringem Umfang (Sekundenbruchteile) schon gemacht wurden. Schließlich beschleunigt jede schnelle Reise die Zeit. Ein Pilot der Lufthansa ist in seinem Leben minimale Zeitbeträge in die Zukunft gereist.

Die Art von Zeitreise, die die Fantasie viel mehr beschäftigt, ist die in die Vergangenheit. Nicht, weil die Vergangenheit so viel interessanter als die Zukunft wäre, sondern weil alleiniges In-die-Zukunft-Reisen unattraktiv erscheint. Könnte man etwa 100 Jahre in die Zukunft reisen (mit heutiger Technik undenkbar), so hätte man das Privileg, die Neuerungen der dazwischen liegenden 100 Jahre zu erleben, hätte jedoch keine Möglichkeit, in die bisherige Welt zurückzukehren und den Dagebliebenen zu berichten.

Stellen Sie sich vor, Ihr Urgroßvater, 20 Jahre alt im Jahr 1905, würde eine zwanzigjährige Zeitreise in einem ultraschnellen Raumschiff unternehmen und käme heute in Deutschland an. Möglicherweise erhielt er gelegentliche Funksprüche von der Erde, um ihn über die Ereignisse der letzten 100 Jahre zu informieren. Das würde ihn darauf vorbereiten, dass der Kaiser abgedankt hat, man heute einen Kinematographen (Kino) in der Wohnung hat usw. Viel attraktiver erschiene ein kurzer Blick in die Zukunft, mittels eines Wundergerätes, und dann die Heimreise.

Viele Physiker heute halten das für unmöglich. Allerdings erlauben es Einsteins Gleichungen der allgemeinen Relativitätstheorie, in der Raumzeit zurückzureisen, durch so genannte Wurmlöcher. Ein Wurmloch ist eine „Brücke" in der Raumzeit, quasi eine Abkürzung querfeldein. Ein Teil der Raumzeit verbindet sich mit einem anderen, räumlich und/oder zeitlich weit entfernten. Stellt man sich etwa seinen Ort auf einer Kugeloberfläche vor, einem Luftballon, so könnte man die gegenüberliegenden Seiten des Luftballons zusammendrücken, bis sie sich berühren. Wenn man dann schnell ein Loch macht, auf die andere Seite wechselt und das Loch schließt, hat man sich den langen Weg um den Luftballon gespart. Solche Brücken entstehen nach heutiger Ansicht in Schwarzen Löchern: Hier wird die Raumzeit gedehnt und könnte sich zu einem Wurmloch schließen.

Ob man jemals ein Wurmloch finden wird, das Übergänge in die Vergangenheit ermöglicht, ist ungewiss. Es würde Fragen aufwerfen, die nach heutiger Anschauung paradox sind. Um das zu veranschaulichen, sind Filme wie der oben genannte nützlich. In diesem Film reist Fox versehentlich zurück ins Jahr 1955. Dort trifft er auf seine Mutter: Sie verliebt sich versehentlich in ihn anstatt in seinen Vater, worauf seine Existenz in Gefahr gerät, was schön durch das Verblassen seiner Geschwister auf einem Photo und schließlich fast seiner selbst dargestellt wird. Er kämpft dafür, dass sich seine Eltern doch

noch verlieben, und es gelingt ihm sogar, seinen Vater aus seiner Rolle als Prügelknabe zu befreien. Er reist zurück und
findet seine Familie verändert vor: Sein Vater ist nun der Boss
des Klassengrobians und nicht mehr andersherum.

Eine solche kausale Einflussnahme in der Geschichte führt zu
Widersprüchen. Nehmen wir an, Michael reist ins Jahr 1935,
wo er zufällig seien Großvater überfährt, bevor der Kinder
(Michaels Mutter/Vater) bekommen konnte. Nun stellt sich
die Frage: Wenn der Großvater nicht mehr existiert, so kann
auch Michael nicht existieren – genau wie in *Zurück in die
Zukunft* dargestellt. Durch den plötzlichen Verkehrsunfall gäbe
es ein plötzliches Verschwinden der Nachkommen des Großvaters, einschließlich seines Enkels. Er hätte also nie in die
Vergangenheit reisen können.

Dieses Gedankenexperiment ist unter dem Namen *Großvaterparadox* bekannt. Es gibt viele Versuche, es zu lösen. Das wesentliche Problem ist der Kausalzusammenhang. Einige Philosophen und Futuristen haben eine Theorie, die *Multiversum*
oder Theorie der *Paralleluniversen* genannt wird, vorgeschlagen. Hiernach ist unser Kosmos nur einer von Myriaden von
Universen, die alle parallel existieren. Es gibt eine Interpretation der modernen Physik, die besagt, wir lebten in einer Welt,
die durch Überlagerung solcher Paralleluniversen bestimmt
wird. Ein direkter Kontakt von einem zum anderen Universum wäre jedoch nicht möglich.

Wenn man nun in die Vergangenheit reiste, würde man das
Universum dazu bringen, sich zu spalten, bzw. man würde in
dasjenige Paralleluniversum wechseln, in dem die Verwandt-

schaft nicht existiert. Das würde keinen logischen Widerspruch hervorbringen. Allerdings wäre das auch nicht die Art Zeitreise, die in *Zurück in die Zukunft* dargestellt wird. Hier wird eine Rückkehr in ein und dasselbe Universum angestrebt, und anders als in Theorien von Paralleluniversen sind Auswirkungen im Ursprungsuniversum zu spüren: die Fotos aus der Zukunft bleichen aus, als die Eltern drohen sich nicht zu verlieben. Man kann also diskutieren, ob diese Interpretation ein echter Fall von Zeitreise ist.

Ähnlich widersprüchlich ist eine zirkuläre Vorstellung von etwas, das zwar möglich wäre, aber nur durch eine Zeitreise. Etwa ein Enkel, der sein eigener Großvater ist. Würde er nicht zurückkehren, so hätte er keine Nachkommen und existierte gar nicht. Er müsste also eine Zeitreise machen, um überhaupt zu existieren.

Eng mit Zeitreisen verwand sind auch Themen, die Vorhersagen der Zukunft betreffen, wie das nächste Kapitel zeigt.

Unsicher? – Sphinx fragen!

Die folgende Situation ist als Newcombsches Paradox (nach dem amerikanischen Physiker William Newcomb) bekannt:

> Sie wurden für eine Quizshow ausgewählt und ihr Showmaster ist eine Sphinx, die perfekt die Zukunft voraussagen kann. Vor Ihnen stehen zwei Boxen. In der linken Box befinden sich 1000 Euro. In der rechten sieht es so aus: Wenn die Sphinx prophezeit hat, dass Sie nur diese wählen, finden Sie eine Million Euro, wenn Sie aber vorausgesagt hat, dass Sie beide nehmen, erhalten Sie gar nichts.

Sie stecken in einem unangenehmen Dilemma: die Sphinx kann Ihre Entscheidungen genau voraussagen, weiß also, welche Sie wählen. Wählen Sie nur die rechte, füllt die Sphinx sie mit einer Million Dollar, anderenfalls lässt sie sie leer. Andererseits füllt sie die Boxen vor der Show, sodass die Million nicht im Lauf der Sendung verschwinden kann, nur weil Sie beide nehmen.

Man könnte meinen, Ihre Entscheidung beeinflusse via der Vorhersage der Sphinx die Füllung der Boxen, also eine Veränderung der Vergangenheit durch die Gegenwart. Es könnte auch durch einen konsequenten Determinismus erklärt werden. Determinismus ist die Auffassung, alles in der Welt sei vorherbestimmt, stehe schon im großen „Logbuch" fest. Nach dieser früher vor allem in der Antike verbreiteten Ansicht ist die Entscheidungsfreiheit eine Illusion, und die Entscheidung selbst – mit allen Zweifeln – steht schon vorher fest.

In der griechischen Sagenwelt gab es dieses unabwendbare Schicksal häufig, etwa bei König Ödipus. Dessen Vater, dem König von Theben, war geweissagt wird, sein Sohn werde ihn töten. Daraufhin lässt er ihn im Gebirge aussetzen, wo er von Hirten gefunden und zum dortigen König gebracht wird. Auch ihm, Ödipus, sagt das Orakel voraus, er werde seinen Vater töten und seine Mutter heiraten. Darauf verlässt er seine vermeintlichen Eltern und zieht zurück nach Theben. Auf dem Weg trifft er Laios, seinen Vater, und erschlägt ihn nach einem Streit. Bevor er Theben erreicht, löst er noch das Rätsel der Sphinx: Sie verschlang alle Reisenden, die ihr Rätsel nicht lösen können. Zum Dank wird er zum König von Theben gewählt und heiratet seine Mutter, die verwitwete Königin Iokaste.

Später, als die Pest ausbricht, verkündet das Orakel, der Mörder von Laios müsse gefunden werden, worauf eine Untersuchung Ödipus als den Mörder identifiziert. Ödipus erfährt, dass er der Sohn des Ermordeten ist, worauf sich Iokaste erhängt. Ödipus sticht sich die Augen aus, wird verbannt und wandert mit seiner Tochter Antigone umher, bis er bei Athen stirbt.

Man sieht hier, dass das Schicksal, vorausgesagt vom Orakel, nicht unbedingt in jedem Detail vorausbestimmt ist. Vielmehr ist es der Ausgang der Geschichte, der unausweichlich eintritt: äußere Umstände zwingen den Helden, sich entgegen seinem Willen zu verhalten. Bewusst hat er sich nie für die Vorhersagen des Orakels entschieden.

Beim Newcomb-Paradox beeinflusst die Entscheidung selbst das Ergebnis. Die Sphinx hat eine Entscheidung gestellt, die man nicht optimal fällen kann. Man könnte versuchen, nur die zweite Box öffnen zu „wollen", dann aber beide zu öffnen. Es kommt jedoch nur auf das Entscheidungsergebnis, nicht auf den psychischen Entscheidungsprozess an, solche Gedankengymnastik hilft also nicht viel.

Geht man von einem konsequent physikalisch-materialistischen Weltbild aus, so liegt die Sache klar auf der Hand: Die Wette ist ein Schwindel. Nach heutiger Auffassung der Physik sind die kleinsten Elemente der Materie vom Zufall bestimmt (siehe das Kapitel *Quanten-Strickmuster*, S. 181), können also nicht vorhergesagt werden: Die Sphinx hat geblufft. Sie können beruhigt beide Boxen mitnehmen. Andererseits ist die Vorstellung einer solchen Quizshow nicht unmöglich, und die Physik ist kein monolithischer, unwandelbarer Block, auf den man für immer bauen könnte.

Aber perfekte Voraussagbarkeit bringt auch für den „gesunden Menschenverstand" Probleme mit sich. Angenommen, die Sphinx sei eine Maschine, die jedes zukünftiges Ereignis vorhersagen kann. Sie untersuchen, ob Sie in zwei Minuten eine Münze fallen lassen werden, und das Ergebnis ist „ja". Was hindert sie daran, nach zwei Minuten die Münze nicht fallen zu lassen? Dann könnte man nur noch folgern, (a) die Maschine sei kaputt, (b) sie hätten die Münze wirklich fallen gelassen und unterlägen einer Sinnestäuschung, oder (c) die Maschine könne die Zukunft nicht vorhersagen. Dasselbe Paradox ergibt sich übrigens für Zeitreisen: Wenn man 10 Minuten in die Zukunft reist, eine Handlung beobachtet und zurückreist, müsste man diese Handlung perfekt vorhersagen können – mit den gleichen Schwierigkeiten wie bei der Orakelmaschine.

Daher haben echte Orakel oft etwas Verschleiertes, Geheimnisvolles an sich, um die vorhergesagte Zukunft nicht zu gefährden. Nach griechischer Ansicht und wie in der Ödipuslegende ersichtlich tritt die Zukunft jedoch unbeirrt ein, selbst wenn das Orakel völlig eindeutig ist. Sie würden vielleicht kurz vor Ablauf der zwei Minuten einen leichten Stoß bekommen oder von etwas abgelenkt werden und die Münze fallen lassen.

Eine weniger spekulative Lösung wäre es, das Paradox nicht absolut, sondern entweder spieltheoretisch oder rein statistisch zu betrachten. Angenommen, das Quiz wird mehrmals durchgeführt und die Sphinx ist kein perfektes Orakel, sondern ein rationaler Planer, der seine Voraussagepräzision maximieren will. Ebenso ist der Spieler sich nun bewusst, dass es nicht auf seine momentane Entscheidung, sondern auf die Erwartung des Planers über seine Entscheidung ankommt. Es gibt nun zwei Lösungen, die im Sinne des Nashgleichgewichtes (siehe Kapitel *Mit gefangen, mit gehangen,* S. 111) stabil sind. Wenn der Kandidat immer beide Boxen nimmt, muss die zweite Box leer bleiben, wenn er nur die eine nimmt, muss sie mit einer Million gefüllt werden. Einmalig könnte der Kandidat nun beide nehmen, so 1000 Dollar mehr erhalten, in den nächsten Runden aber eine Million verlieren. Eine rein statistische Variante wäre, Lösungen vieler Experimente auszuwerten und so zu Vorhersagen über das Verhalten der Kandidaten zu gelangen. Statistische Ergebnisse haben jedoch keine „kausale" Wirkung auf den Inhalt der Boxen.

Liste der Paradoxien

Literatur

Hofstadter, Douglas R.: Gödel, Escher, Bach, Ein Endloses Geflochtenes Band, Klett-Cotta, Stuttgart 2001

Gardner, Martin: Gotcha. Paradoxien für den Homo Ludens, dtv, München 1987

Kannetzky, Frank: paradoxes denken, mentis-Verlag, Paderborn 2000

Konforowitsch, Andrej Gr.: Logischen Katastrophen auf der Spur, Fachbuchverlag Leipzig 1992

Poundstone, W.: Im Labyrinth des Denkens, Rowohlt, Reinbek 1992

Sainsbury, R. M.: Paradoxien, Reclam, Stuttgart 2001

Smullyan, Raymond: Das Buch ohne Titel – Eine Sammlung von Paradoxa und Lebensrätseln. Vieweg, Wiesbaden 1983

Stewart, Ian.: Mathematische Unterhaltungen, Spektrum der Wissenschaft, Heidelberg 2003

Székely, G. J.: Paradoxa. Klassische und neue Überraschungen aus Wahrscheinlichkeitsrechnung und mathematischer Statistik, Harri Deutsch, Frankfurt am Main 1990